职业教育新形态教材

短视频拍摄与后期制作

王 璐 主 编

姜 丽 袁晨雪 闻 雅 副主编

电子工业出版社

Publishing House of Electronics Industry

北京·BEIJING

内 容 简 介

短视频的创作门槛比较低，且技术要求不高，自带互联网传播的大众属性，因而聚合了大量的 UGC 内容制作者，并由此开启了内容创作领域的流量时代。流量转化使短视频产生了商业价值，并且成为新时代背景下不同文化展示和交流的路径。

本书以项目实训的方式，全面地介绍了不同类型短视频从前期策划、素材拍摄，到后期的视频素材剪辑与制作的全过程，并且在制作过程中穿插讲解了短视频的相关理论知识，使读者能够轻松掌握短视频的创作。全书共分 6 个学习情境，包括视频电子相册、Vlog 短视频、旅游短视频、生活短视频、科幻短视频和运动短视频。

本书配套资源不仅提供了书中所有实例的源文件和素材，还提供了所有实例的多媒体教学视频，以帮助读者轻松掌握短视频的拍摄与后期制作方法，让新手从零基础"起飞"。

本书案例丰富、讲解细致，注重激发读者的兴趣和培养读者的动手能力，适合作为从事短视频创作的相关人士和短视频爱好者的参考手册，也适合作为职业院校影视制作专业教学用书。

图书在版编目（CIP）数据

短视频拍摄与后期制作 / 王璐主编. —北京：电子工业出版社，2022.4

ISBN 978-7-121-43257-6

Ⅰ.①短… Ⅱ.①王… Ⅲ.①视频编辑软件②图像处理软件 Ⅳ.①TN94②TP391.413

中国版本图书馆 CIP 数据核字（2022）第 062844 号

责任编辑：郑小燕　　　　特约编辑：田学清
印　　刷：天津千鹤文化传播有限公司
装　　订：天津千鹤文化传播有限公司
出版发行：电子工业出版社
　　　　　北京市海淀区万寿路 173 信箱　　　　邮编：100036
开　　本：880×1230　　1/16　　印张：12.75　　字数：294 千字
版　　次：2022 年 4 月第 1 版
印　　次：2024 年 8 月第 6 次印刷
定　　价：49.80 元

凡所购买电子工业出版社图书有缺损问题，请向购买书店调换。若书店售缺，请与本社发行部联系，联系及邮购电话：(010) 88254888，88258888。

质量投诉请发邮件至 zlts@phei.com.cn，盗版侵权举报请发邮件至 dbqq@phei.com.cn。

本书咨询联系方式：(010) 88254550，zhengxy@phei.com.cn。

随着网红经济的出现，微博、抖音、秒拍、快手、今日头条等平台纷纷加入短视频行业，募集了一批优秀的内容制作团队入驻平台，使视频行业逐渐崛起了一批优质 UGC 内容制作者。2017 年，短视频行业竞争进入白热化阶段，内容制作者也开始偏向 PGC 化运作。

随着移动终端的普及和网络的提速，短、平、快的大流量传播内容逐渐获得各大平台、粉丝和资本的青睐。对没有接触过短视频创作的用户来说，如何才能够进入短视频创作领域呢？短视频的创作包含选题策划、脚本撰写、拍摄、剪辑，以及短视频的发布和运营等多个环节，本书将全面介绍短视频创作各个环节的相关知识，并通过案例的制作使读者能够轻松掌握短视频的创作方法。

本书特点

本书立足于高校教学，与市场上的同类图书相比，在内容的安排与写作上具有以下特点。

（1）项目实训，实操性强。

本书基于短视频的实际应用操作，兼顾高校教学的需求，以短视频项目实训为出发点，每个学习情境的内容以"情境说明+关键技术+任务实施+检查评价+巩固扩展+课后测试"的架构详细介绍了短视频项目的策划、拍摄及后期剪辑处理等完整流程，并且在其中穿插讲解了与短视频相关的理论知识，有效丰富了教学内容和教学方法，为读者提供了更多练习和进步的空间。

（2）知识丰富，实用性强。

本书注重理论知识与实际操作的紧密结合，从短视频的策划到短视频的前期拍摄，再到短视频的后期剪辑制作，全面、系统地讲解了短视频创作的全过程。本书内容采用"理论知识+实践操作"的架构详细介绍了短视频的策划、拍摄和后期剪辑制作的方法与技巧，内容安排循序渐进，将理论与实践相结合，帮助读者更好地理解理论知识并提高实际操作能力。

（3）图解教学，资源丰富。

本书采用图文结合的方式进行讲解，以图析文，使读者在学习理论知识的过程中更直观地理解所学内容，在实例操作过程中更清晰地掌握短视频的编辑、制作的方法与技巧。同时，本书还提供了丰富的案例素材、视频教程、教学课件等立体化配套资源，帮助读者更好地掌握本书所讲解的内容。

本书作者

本书讲解全面、深入，内容安排循序渐进，适合准备学习短视频创作的初、中级学者。本书充分考虑到初学者可能遇到的困难，通过案例制作的方式帮助初学者理解所学知识，提高学习效率。

本书由王璐任主编，姜丽、袁晨雪、闻雅任副主编，由王璐统稿。由于时间较为仓促，书中难免有疏漏和不足之处，在此恳请广大读者朋友批评、指正。

编　者

目　录

学习情境 1　视频电子相册 1

1.1　情境说明 1

1.1.1　任务分析——视频电子相册 1

1.1.2　任务目标——掌握视频电子相册的制作 2

1.2　关键技术 3

1.2.1　什么是短视频 3

1.2.2　短视频的特点 3

1.2.3　主流的短视频平台 4

1.2.4　短视频的生产方式 7

1.2.5　优质短视频的五大要素 7

1.2.6　短视频的制作流程 10

1.2.7　抖音 App 的基本操作方法 12

1.3　任务实施 18

1.3.1　前期准备——拍摄画面的构图方法 18

1.3.2　中期拍摄——视频与照片的拍摄 23

1.3.3　后期制作——视频电子相册的制作 25

1.4　检查评价 30

1.4.1　检查评价点 30

1.4.2　检查控制表 30

1.4.3　作品评价表 31

1.5　巩固扩展 31

1.6　课后测试 31

学习情境 2　Vlog 短视频 33

2.1　情境说明 33

2.1.1　任务分析——Vlog 短视频 33

2.1.2　任务目标——掌握 Vlog 短视频的拍摄与制作 34

2.2 关键技术 34

    2.2.1 了解 Vlog 35

    2.2.2 为什么要拍 Vlog 36

    2.2.3 Vlog 与其他类型的短视频有什么不同 37

    2.2.4 关于短视频创意 37

    2.2.5 短视频脚本策划 38

    2.2.6 制作 Vlog 短视频的流程 39

    2.2.7 编辑 Vlog 短视频的软件 40

2.3 任务实施 43

    2.3.1 前期准备——Vlog 短视频策划及拍摄设备的准备 43

    2.3.2 中期拍摄——分镜头拍摄 47

    2.3.3 后期制作——生活类 Vlog 短视频的剪辑 51

2.4 检查评价 57

    2.4.1 检查评价点 57

    2.4.2 检查控制表 57

    2.4.3 作品评价表 57

2.5 巩固扩展 58

2.6 课后测试 58

学习情境 3 旅游短视频 59

3.1 情境说明 59

    3.1.1 任务分析——旅游短视频 59

    3.1.2 任务目标——掌握旅游短视频的剪辑与制作 60

3.2 关键技术 60

    3.2.1 策划不同类型的短视频 60

    3.2.2 短视频内容策划技巧 66

    3.2.3 视频拍摄的景别与拍摄角度 68

    3.2.4 运动镜头拍摄 71

    3.2.5 剪映 App 中的视频剪辑的基础操作 74

3.3 任务实施 78

    3.3.1 前期准备——旅游短视频内容策划 78

    3.3.2 中期拍摄——旅游视频素材拍摄 79

    3.3.3 后期制作——旅游短视频的剪辑与制作 80

3.4 检查评价 88

    3.4.1 检查评价点 88

    3.4.2 检查控制表 88

3.4.3 作品评价表 89

3.5 巩固扩展 89

3.6 课后测试 90

学习情境 4 生活短视频 91

4.1 情境说明 91

4.1.1 任务分析——生活短视频 91

4.1.2 任务目标——掌握生活短视频的剪辑与制作 92

4.2 关键技术 93

4.2.1 了解声画关系 93

4.2.2 短视频中的声音处理 94

4.2.3 为短视频选择合适的背景音乐 96

4.2.4 在剪映 App 中为视频素材添加滤镜和特效 98

4.2.5 在剪映 App 中 5 种插入音频的方法 100

4.2.6 如何在剪映 App 中对音频进行剪辑操作 103

4.3 任务实施 104

4.3.1 前期准备——生活短视频内容策划 104

4.3.2 中期拍摄——视频素材拍摄要求与生活视频素材拍摄 105

4.3.3 后期制作——生活短视频的剪辑与制作 107

4.4 检查评价 115

4.4.1 检查评价点 115

4.4.2 检查控制表 115

4.4.3 作品评价表 115

4.5 巩固扩展 116

4.6 课后测试 116

学习情境 5 科幻短视频 117

5.1 情境说明 117

5.1.1 任务分析——科幻短视频 117

5.1.2 任务目标——掌握科幻短视频的剪辑与制作 118

5.2 关键技术 119

5.2.1 短视频画面中的四大结构元素 119

5.2.2 短视频剪辑的基本原则 125

5.2.3 如何选择剪辑点 127

5.2.4 Premiere 的基础操作 129

5.2.5 Premiere 中视频素材的剪辑操作 133

5.3 任务实施 139

    5.3.1 前期准备——科幻短视频策划 139

    5.3.2 中期拍摄——视频素材拍摄 140

    5.3.3 后期制作——科幻短视频的剪辑与制作 141

5.4 检查评价 154

    5.4.1 检查评价点 154

    5.4.2 检查控制表 154

    5.4.3 作品评价表 155

5.5 巩固扩展 155

5.6 课后测试 155

学习情境 6 运动短视频 157

6.1 情境说明 157

    6.1.1 任务分析——运动短视频 157

    6.1.2 任务目标——掌握运动短视频的剪辑与制作 158

6.2 关键技术 159

    6.2.1 镜头组接的编辑技巧 159

    6.2.2 短视频常见的转场方式及运用 162

    6.2.3 短视频节奏处理 165

    6.2.4 短视频色调处理 168

    6.2.5 应用 Premiere 中的视频过渡效果 171

    6.2.6 应用 Premiere 中的视频效果 175

6.3 任务实施 178

    6.3.1 前期准备——运动短视频内容策划 178

    6.3.2 中期拍摄——运动视频素材拍摄 179

    6.3.3 后期制作——运动短视频的制作 180

6.4 检查评价 194

    6.4.1 检查评价点 194

    6.4.2 检查控制表 195

    6.4.3 作品评价表 195

6.5 巩固扩展 195

6.6 课后测试 196

视频电子相册

短视频主要是指时长在 5min 以内，通过图像、声音传达具有一定主题或内容的视频。随着 5G 时代的到来，短视频已经成为内容传播的重要形式之一。本学习情境将介绍有关短视频制作的基础知识，并通过制作一个视频电子相册的短视频，使读者不仅能够掌握在抖音 App 中制作视频电子相册的方法和技巧，还能够动手制作出属于自己的视频电子相册。

1.1 情境说明

视频电子相册以短视频的形式来表现多张照片素材，不仅可以实现照片多元化的动态表现形式，还可以为照片添加背景音乐、精彩的文字说明等，使得日常生活中的照片的表现形式更加丰富和个性。

1.1.1 任务分析——视频电子相册

本任务主要将平时旅行过程中所拍摄的照片制作成短视频，并且搭配喜欢的背景音乐，从而使静态的照片表现为动态的短视频，视觉表现效果更加突出。

本任务所制作的视频电子相册主要以一段飞机起飞的视频片段与一些旅行所拍摄的精美照片为素材。在抖音 App 中搜索并找到喜欢的卡点音乐短视频，使用抖音 App 中的"拍同款"功能导入相应的照片素材，通过对素材时长的调整，使得素材的画面转换与音乐的关键节奏点相契合，使短视频表现出"音画合一"的听觉和视觉感受，从而制作出不一样的视频电子相册。

图 1-1 所示为本任务所制作的视频电子相册的部分截图。

图 1-1　视频电子相册的部分截图

1.1.2　任务目标——掌握视频电子相册的制作

视频电子相册的实质就是短视频，即以视频播放的形式来展示照片，让照片动起来，并且允许用户为照片配上背景音乐、精彩的文字说明等，实现照片的动态播放效果。

各大短视频平台都为用户提供了短视频制作功能，其中，卡点音乐是非常热门的一种短视频类型，通过多段视频片段或照片素材与背景音乐相融合的方式，表现出富有节奏感的短视频，是视频电子相册非常好的一种表现形式。

想要完成本任务中视频电子相册的制作，需要掌握以下知识内容。

- 了解什么是短视频，以及短视频的特点。
- 了解有哪些主流的短视频平台，以及短视频的生产方式。
- 理解优质短视频的五大要素。
- 了解短视频的制作流程。
- 掌握抖音 App 的基本操作方法。
- 理解画面拍摄的构图方法。
- 掌握在抖音 App 中制作视频电子相册的方法。

1.2 关键技术

随着移动互联网技术、社交网络、轻量级数字视频设备的不断发展与普及，终端的受众群体和传播主体共同参与信息内容传播的时间不断被碎片化和互动化，于是新媒体网络短视频开放的生态系统逐渐引起了大众的广泛关注。在进行短视频制作之前，首先需要了解短视频的相关基础知识。

1.2.1 什么是短视频

目前，学术界对短视频并没有一个统一、官方的概念界定。但是，在通常情况下，短视频也被称为短片视频，是指在互联网新媒体上传播时长在 5min 以内的视频。关于短视频的概念，学术界不断有新的说法。

短视频通常是指在各种新媒体平台上播放的、适合在移动状态和短时休闲状态下观看的、高频推送的视频内容，时长在几秒到几分钟不等，内容融合了技能分享、幽默搞怪、时尚潮流、社会热点、街头采访、公益教育、广告创意和商业定制等主题。因为短视频的时长较短，所以短视频可以单独成片，也可以成为系列栏目。

今日头条创办了首个短视频奖项"金秒奖"，致力于规范短视频行业标准。"金秒奖"根据全部参赛作品的平均时长和达到百万次以上播放量作品的平均时长得出：4min 是短视频最主流的时长，也是最合适的播放时长。短视频是以互联网新媒体为传播渠道的内容载体，形态包括纪录片、创意剪辑、品牌广告和微电影等。

"57s、竖屏"是快手短视频平台对短视频行业提出的工业标准。

> **小贴士**：2019 年 1 月 9 日，中国网络视听节目服务协会发布《网络短视频平台管理规范》和《网络短视频内容审核标准细则》。

1.2.2 短视频的特点

值得注意的是，短视频的概念是相对长视频而言的。长视频主要是由相对专业的公司制作完成的，其代表是电影、影视剧等，其特点是投入大、成本高和制作周期长。

长视频与短视频的对比如表 1-1 所示。

表 1-1 长视频与短视频的对比

分 类	长 视 频	短 视 频
使用时间	集中时间、长时段	碎片化时间
内容领域	电影、影视剧	范围广
传播属性	以线性传播为主、速度较慢	以裂变性传播为主，速度较快
制作特点	投入大、成本高、周期长	投入小、成本低、周期短

相较于传统视频，短视频主要存在以下四大特点。

1．传播和生产碎片化

短视频由于时长较短、内容相对完整、信息密度较大，因此能在碎片化的时间内持续不断地刺激用户，契合大众碎片化娱乐和学习的需求。

2．获取信息的成本低

对内容消费者而言，短视频的形式可以使其获取信息的成本更低，仅利用闲暇的碎片时间就能看完一个短视频。

短视频的内容几乎涵盖了所有领域，这些内容会让人忍不住一直观看，这种观看短视频的方式可以算是一种娱乐，而且几乎不需要任何成本。除了娱乐，短视频还能满足被尊重的心理需求。发布的评论或视频，可能会获得很多人的点赞。很多人会因为被点赞，产生一种被认可、被尊重的感觉。

3．传播速度快，社交属性强

短视频具有较强的互动性。我们经常可以看到，有一个话题或音乐"火"了，就会有很多用户模仿其拍摄相关的短视频，并且经常出现创作者和用户在短视频下方互动的情况，甚至一度成为热点话题。但是，在模仿拍摄相关短视频时一定要注意版权保护，如果将原创的音乐或内容直接拿来使用，就可能会涉及侵权。短视频平台和自媒体平台是一样的，系统会根据视频内容进行算法计算，将其推送给相应的用户观看，完全不用担心流量问题。

4．生产者与消费者之间界限模糊

在短视频领域中，"每个人都是生活的导演"这句广告语其实并不夸张，如今的微博、快手、抖音已经成为很多人的另一个主场，生活就是"舞台"。在观看的同时，观看者也有可能转换身份成为创作者。

1.2.3 主流的短视频平台

移动互联网时代使短视频异军突起，成为各企业争相角逐的盈利风口。短视频背后巨大的商业价值使网络短视频遍地开花，短视频平台犹如雨后春笋般呈现在大众面前。

1．普通人的欢乐世界——快手

快手的前身被称作"GIF 快手"，诞生于 2011 年 3 月，最初是用来制作和分享 GIF 图片的手机应用，是一款处理图片和视频的工具。2012 年 11 月，快手从纯粹的工具转型为短视频社区，成为用户记录和分享生产、生活的平台。

在快手 App 上，用户可以用照片和短视频记录自己的生活点滴，也可以通过直播与"粉丝"实时互动。根据快手 2021 年 3 月份的审计报告，其日平均活跃用户为 2.95 亿人。图 1-2 所示为快手 Logo 与 PC 端快手首页。

图 1-2 快手 Logo 与 PC 端快手首页

2. 记录美好生活——抖音

抖音的经营主体为北京微播视界科技有限公司，是一款可以拍短视频的音乐创意短视频社交软件，该软件于 2016 年 9 月上线。用户可以通过该平台选择歌曲，拍摄音乐短视频，形成自己的作品。

最初，抖音邀请了部分中国音乐短视频玩家入驻平台，吸收了一批关键意见领袖所带来的流量。根据 2021 年 1 月披露的《2020 年抖音数据报告》显示：抖音短视频的日活跃用户数量突破 6 亿人，日均视频搜索次数突破 4 亿次。图 1-3 所示为抖音 Logo 与 PC 端抖音首页。

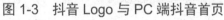

图 1-3 抖音 Logo 与 PC 端抖音首页

小贴士：抖音短视频平台背靠擅长机器算法的科技公司——今日头条，其目标是做一个适合年轻人的音乐短视频社区产品，让年轻人喜欢玩，并且能轻松地表达自己。

3. 抖音火山版

抖音火山版是一款 15s 记录原创生活的短视频社区 App，由今日头条孵化，通过短视频帮助用户迅速获取内容，展示自我，获得粉丝，发现相同爱好的用户。抖音火山版有诸多特点：快速创作短视频、极致视频特效、高颜值直播 live、精美高端画质和大数据算法等。

2020 年 1 月 8 日,火山小视频官方宣布:火山小视频和抖音进行品牌升级,原火山小视频正式更名为"抖音火山版",并启用全新图标,于 1 月 10 日正式上线。

抖音火山版的诞生,实现了抖音与火山小视频在流量、福利、内容和服务 4 个方面的融合升级,具体情况如表 1-2 所示。

表 1-2 抖音与火山小视频的融合升级情况

种 类	升 级 内 容
流量	两大平台数亿用户流量贯通,打造超级流量池,实现更多、更广泛、更精准的流量扶持
福利	流量扶持、成长福利和福利资源等各项政策计划的双平台应用,在一定程度上提升了机构和创作者的积极性
内容	构建超级平台、超级内容共同体,实现内容互补,打造多元复合型内容生态圈层,进一步实现全方位用户覆盖
服务	提供创作者贴身服务,政策同步,后台统一,为机构和主播在双平台运营方面提供更精细化、便捷化的服务

4. 美拍

美拍是一款可以直播、制作短视频的手机 App,深受年轻人喜爱,上线后,连续 24 天蝉联 App Store 免费总榜冠军,并成为当月 App Store 全球非游戏类下载量第一名。

美拍一款非常受欢迎的短视频社区,内含丰富的滤镜特效和视频效果,颠覆了短视频的玩法,让生活丰富起来,智能拍照、视频录制、上传分享、点赞互动更便捷,还能与志同道合的好友进行视频交友聊天。

图 1-4 所示为美拍的 Logo 与 PC 端美拍首页。

图 1-4　美拍的 Logo 与 PC 端美拍首页

小贴士:早在 2016 年 1 月,美拍就推出了"直播"功能,迅速成为具有代表性的娱乐直播平台,创造了"巴黎时装周"直播、"米兰时装周"直播、美拍直播挑战、夏纳电影节直播等经典案例,参与直播的不仅有明星,还有国际机构、媒体、品牌等。

5. 秒拍

秒拍由炫一下(北京)科技有限公司推出,是一个集观看、拍摄、剪辑和分享于一体的短视频工具,更是一个短视频社区。秒拍不仅支持各种风格的滤镜、个性化水印和智能变声等多种功能,让用户的视频一键变"大片",还支持将视频同步分享到微博、微信朋友圈和 QQ 空间。图 1-5 所示为秒拍 Logo 与 PC 端秒拍首页。

图1-5 秒拍Logo与PC端秒拍首页

小贴士：随着短视频平台的用户覆盖面积不断扩大，影响力迅速扩大，短视频平台所需要承担的社会责任也必将越来越大。未来，主流官方媒体将入驻更多短视频平台，在年轻人大面积聚集的新型互联网社交平台中开辟发声窗口，传播正面且优质的内容。

1.2.4 短视频的生产方式

短视频按照生产方式可以分为用户生产内容（User Generated Content，UGC）、专业用户生产内容（Professional User Generated Content，PUGC）和专业生产内容（Professional Generated Content，PGC）3种类型，其特点如表1-3所示。

表1-3 短视频3种生产方式的特点

生产方式	成本	商业价值	属性
UGC	成本低，制作简单	商业价值低	具有很强的社交属性
PUGC	成本较低，有编排，有人气基础	商业价值高，主要靠流量盈利	具有社交属性和媒体属性
PGC	成本较高，专业和技术要求较高	商业价值高，主要靠内容盈利	具有很强的媒体属性

UGC——平台普通用户自主创作并上传的内容，这里的普通用户是指非专业个人生产者。

PUGC——平台专业用户创作并上传的内容，这里的专业用户是指拥有粉丝基础的"网红"，或者拥有某一领域专业知识的关键意见领袖。

PGC——专业机构创作并上传的内容，通常是独立于短视频平台的。

小贴士：《网络短视频平台管理规范》规定，网络短视频平台对在本平台注册账户上传节目的主体，应当实行实名认证管理制度。对机构注册账户上传节目的主体，应当核实其组织机构代码证等信息；对个人注册账户上传节目的主体，应当核实其个人身份证等信息。

1.2.5 优质短视频的五大要素

想要制作一个优质的短视频，首先要知道优质短视频包括哪些要素，才能优化这些要素以制作出优质作品。

1．吸睛标题

广告大师奥格威在他的著作《一个广告人的自白》中说过："用户是否会打开你的文案，80%取决于你的标题。"在出版行业，一本书的书名在很大程度上会影响这本书的销量。这一定律在短视频中也同样适用，即标题是决定短视频打开率的关键因素。

标题是播放量的源头，就像一个人的名字一样，具有代表性，是观众快速了解短视频内容并产生记忆与联想力的重要途径。

从运营层面来讲，当前阶段，机器算法对图像信息有一定的解析能力，但与文字相比，其准确度存在局限性。在对短视频内容进行推荐、分发时，平台会从标题中提取分类关键词并进行分类。接下来，短视频的播放量、评论数和用户停留时长等综合因素决定了平台是否会继续推荐该条视频。

从用户层面来讲，标题是视频内容最直接的反馈形式，也是吸引用户关注、点击的"敲门砖"，在观看视频前，用户展开看详情、标签、评论的概率远低于标题。因此短视频能为用户解决什么样问题，或者能给用户带来什么样的趣味性是创作者在起标题时需要优先考虑的问题。

图 1-6 所示为简洁、直观的短视频标题。

图 1-6　简洁、直观的短视频标题

小贴士：《网络信息内容生态治理规定》的第四条规定：网络信息内容生产者应当遵守法律法规，遵循公序良俗原则，不得损害国家利益、公共利益和他人的合法权益。

2．画质清晰

很多受欢迎的短视频，其画质像电影"大片"一样，画面清晰度高，色彩明亮。想要达到这种效果一方面取决于拍摄硬件的选择，另一方面取决于视频的后期制作。目前，很多短视频拍摄和制作软件的功能都相当齐全，有滤镜、分屏、特效等功能，助力大众进行创作。

图 1-7 所示为清晰画质的短视频。

小贴士：不同的播放媒介对视频的画质和尺寸要求也不同，短视频通常是在手机终端进行播放的，所以如何更好地适应手机屏幕是短视频需要解决的关键的问题之一。

图 1-7 清晰画质的短视频

3. 为用户提供价值或趣味性

短视频能让用户驻足观看的原因主要有两个:一是用户能从中获取有用的内容,二是用户能从视频中获得共鸣。所以,制作的短视频是能为用户提供价值或趣味性的,而不是让用户觉得枯燥无味、不知所云的。

图 1-8 所示为搞笑短视频,表现出趣味性。

图 1-8 搞笑短视频

> **小贴士**:有价值或趣味性的短视频还有一个特征:真实,即真实的人物、故事和情感,使视频更贴近生活,从而引起共鸣。

4. 掌控音乐

如果说标题决定了短视频的点击率,那么音乐就决定了短视频的整体基调。

视听是短视频的表达形式,音乐作为"听"的要素,能够增强短视频在镜头前给用户传递信息的力量。短视频的音乐在节奏搭配上需要注意两个要素。

- 在短视频的高潮或关键信息部分,一定要卡住音乐的节奏,一方面突出重点,另一方面让音画更具协调感。
- 配乐或背景音乐的风格与短视频内容的风格要一致,不要胡乱搭配,例如,对搞笑视频配抒情音乐,或者对严肃视频配搞笑音乐等。

5．多维度精雕细琢

优质的短视频都是经过多维度精雕细琢的，甚至可能修改了数十次才得以呈现在公众面前。强大的短视频团队都会从编剧、表演、拍摄和后期制作等多方面进行反复打磨，让视频更好看、更具创意，从而打造出更优质的短视频。

1.2.6　短视频的制作流程

其实，短视频的制作流程与传统影片的制作流程相比简化了很多，但是，想要输出优质的短视频，就要遵循相对清晰的制作流程。

1．项目定位

对短视频进行项目定位的目的就是让创作者有一个清晰的目标，并一直朝着目标的方向努力，减少试错的成本。

需要注意的是，短视频创作的内容要对用户有价值，要根据用户的需求进行创作，比如，用户是比较高端的人群，则可能会要求创作的内容专业，同时内容的选题贴近生活、接地气，让用户有亲和感。

> **小贴士**：短视频应该具有明确的主题来传达短视频内容的主旨。在短视频创作的初期，大多数创作者是不清楚应该如何明确主题的，可以参考和收集大量、优秀的案例，再发散思维来明确主题。

2．剧本编写

在短视频创作的初期，由于非专业出身的短视频创作者不一定能写出很专业的剧本，因此不能盲目拍摄。无论是室内拍摄还是室外拍摄，创作者都必须先在纸上、手机上或电脑上有一个清晰的思路，想清楚视频要表达一个什么样的主题，在哪里拍，需要哪些方面的配合，再思考剧情。

线性的讲述一般都会寻找一个点（线索）串成一条故事线，减少观众理解压力，这样才能有效地讲故事，当然这不是唯一的方式，但是短视频的时长较短，在短暂的展示时间内没有机会讲述复杂的故事。如此一来，创作的短视频难免会让人觉得乏味，但可以通过一些后期手段进行弥补，使其故事更加完整、清晰，结构更加紧密。

3．前期拍摄

在短视频拍摄过程中要防止出现画面混乱，以及拍摄对象不突出的现象。成功的构图应该是作品主体突出，主次分明，画面简洁、明晰，让人有赏心悦目之感的。

在短视频拍摄过程中，如何有效防止画面出现抖动的问题呢？建议如下。

（1）借助防抖器材。例如，三脚架、独脚架、防抖稳定器等。目前网上有很多防抖器材，适用于手机、摄像机的都有，可以根据所使用的短视频拍摄器材配备一两个。

（2）注意拍摄的动作和姿势，避免大幅度动作。例如，在拍摄移动视频时，上身动作要少；下身小碎步移动；走路要保持上身不动下身动；镜头旋转要以整个上身为轴心，尽量不要移动双手关节来拍摄。

在拍摄时，需要注意的是，画面要有一定的变化，不要一个焦距、一个姿势拍摄全程，可以通过推镜头、拉镜头、跟镜头，以及横向运动的摇镜头等使画面富有变化。例如，在对定点人物进行拍摄时，可以通过推镜头进行全景、中景、近景、特写等画面的切换，否则画面会显得很乏味。

4. 后期制作

视频素材的整理工作是非常有必要的，首先把视频资源进行有效的分类，这样找起来效率会很高，思路也会很清晰。然后在剪辑视频的环节，对主题、风格、背景音乐，以及大体的画面衔接都需要在正式剪辑前进行构思，即在脑海里想象一下视频最终呈现的效果，这样剪辑才会更加得心应手。

拍好视频后，还要进行后期剪辑制作，例如，画面的切换、字幕、背景音乐、特效等。剪辑时要按照创作的主题、思路和脚本进行制作，在剪辑过程中可以加入转场特技、蒙太奇效果、多画面、画中画效果和画面调色等特效，但需要注意：特效不要过度，因为合理的特效是炫酷，过多则会给人眼花缭乱的感觉。

纯动画形式的短视频在制作的过程中一定要让动态元素自然流畅、遵循真实规律。

自然流畅：强化动画设计中的运动弧线可以使动作更加自然流畅。自然界的运动都遵循弧线运动的规则。

遵循真实规律：遵循物体本身的真实运动规律。通过表现物体运动的节奏快慢和曲线使之更真实，不同的情绪有不同的节奏。

5. 发布与运营

短视频在制作完成之后，就要进行发布。在发布阶段，创作者要做的工作主要包括选择合适的发布渠道、监控渠道上短视频的数据和渠道发布的优化。只有做好这些工作，短视频才能够在最短的时间内打入新媒体营销市场，迅速地吸引粉丝，进而获得知名度。

短视频的运营工作同样非常重要，良好的短视频运营可以使粉丝保持新鲜感。下面介绍几个短视频运营的小技巧。

（1）固定时间更新。尽量稳定短视频更新频率，在固定的时间进行更新，这不仅能让账号的活跃度更好，还能培养用户的阅读习惯，提高用户的留存率与黏度。

（2）多与粉丝互动。短视频需要流量，如果没有流量，自媒体人也很难火起来，所以在发表短视频内容之后要记得与用户互动，很多运营者就是因为在发表短视频内容后什么也不管，从而导致粉丝的流失，白白浪费了一批粉丝，所以为了更好地留住这批粉丝，就需要提高与用户之间的黏度。

（3）多发布热点内容。短视频内容也是可以蹭热点的，但是，需要注意热点的安全性，不要侵权，不要含有地址内容，要按照平台要求去追热点，总而言之，就是要保证内容质量。

小贴士：《网络信息内容生态治理规定》中第六条明确了网络信息内容生产者不得制作、复制、发布含有下列内容的违法信息：

一是反对宪法所确定的基本原则的；二是危害国家安全，泄露国家秘密，颠覆国家政权，破坏国家统一的；三是损害国家荣誉和利益的；四是歪曲、丑化、亵渎、否定英雄烈士事迹和精神，以侮辱、诽谤或其他方式侵害英雄烈士的姓名、肖像、名誉、荣誉的；五是宣扬恐怖主义、极端主义或者煽动实施恐怖活动、极端主义活动的；六是煽动民族仇恨、民族歧视，破坏民族团结的；七是破坏国家宗教政策，宣扬邪教和封建迷信的；八是散布谣言，扰乱经济秩序和社会秩序的；九是散布淫秽、色情、赌博、暴力、凶杀、恐怖或者教唆犯罪的；十是侮辱或诽谤他人，侵害他人名誉、隐私和其他合法权益的。

如果网络信息内容生产者违反上述规定，则网络信息内容服务平台应依法依约采取警示整改、限制功能、暂停更新、关闭账号等处置措施，及时删除违法信息内容，保存记录并向有关主管部门报告。

1.2.7 抖音 App 的基本操作方法

用户可以通过该应用选择音乐，并拍摄音乐短视频，从而形成自己的作品。抖音 App 在 Android 各大应用商店和 App Store 中均有上线。下面简单介绍抖音 App 的基本操作方法。

1. 拍摄短视频

打开抖音 App，点击界面底部的"加号"图标，如图 1-9 所示，即可进入短视频拍摄界面，如图 1-10 所示。

在界面底部提供了不同的拍摄模式，包括"拍照""分段拍""快拍""影集""开直播"，其中，"快拍"为默认拍摄模式，可以拍摄时长为 15s 的短视频。

选择底部的"拍照"选项，即可切换到"拍照"模式中，此时点击界面底部的白色圆形图标，就可以拍摄照片了，如图 1-11 所示。

选择底部的"分段拍"选项，即可切换到"分段拍"模式中。在该模式中允许拍摄时长为 15s 或 60s 的短视频，选择所需要的拍摄时长，点击界面底部的红色圆形图标，即可开始短视频的拍摄，当拍摄的时长达到所选择的时长后，会自动停止短视频的拍摄，如图 1-12 所示。

选择底部的"影集"选项，可以切换到"影集"模式中。抖音 App 为用户提供了多种类型的影集模板，允许用户通过所提供的影集模板快速创作出同款的短视频，如图 1-13 所示。

点击底部的"开直播"选项，可以切换到"开直播"模式中，从而开启抖音 App 的视频直播功能，如图 1-14 所示。

图 1-9　点击"加号"图标

图 1-10　短视频拍摄界面

图 1-11　"拍照"模式

图 1-12　"分段拍"模式

图 1-13　"影集"模式

图 1-14　"开直播"模式

小贴士：在抖音 App 的短视频拍摄界面的右侧为用户提供了多个拍摄辅助工具，分别为"翻转""快慢速""滤镜""美化""倒计时""闪光灯"。使用这些工具可以有效地辅助用户进行短视频的拍摄。

2．导入素材

在抖音 App 中不仅可以拍摄短视频，还可以将手机中的视频或照片素材导入抖音 App 中进行处理，再发布短视频。

进入抖音 App 的短视频拍摄界面，点击右下角的"相册"图标，如图 1-15 所示。进入"所有照片"界面，点击"视频"选项卡，选择需要导入的视频素材，如图 1-16 所示。点击"下一步"按钮，进入视频预览界面，自动播放所导入的视频素材，如图 1-17 所示。

在视频预览界面中可以对视频素材的播放速度、方向和视频范围进行设置。点击界面右上角的"下一步"按钮，即可进入短视频效果编辑界面，如图 1-18 所示。在该界面中可以为所导入的短视频素材添加文字、贴纸、特效和滤镜等多种效果。

图 1-15 点击"相册"图标　图 1-16 选择视频素材　图 1-17 预览视频素材　图 1-18 短视频效果编辑界面

3. 选择背景音乐

抖音作为一款音乐短视频 App，背景音乐自然成为其不可缺少的重要元素之一。除此之外，背景音乐还能影响到短视频拍摄的思维与节奏。

进入短视频效果编辑界面，点击界面上方的"选择音乐"按钮，如图 1-19 所示。在界面底部会显示一些自动推荐的背景音乐，如图 1-20 所示。点击"更多音乐"图标，弹出"选择音乐"界面，如图 1-21 所示。

选择"歌单分类"栏目名称右侧的"查看全部"选项，进入"歌单分类"界面，如图 1-22 所示，显示所有歌单分类，用户可以根据短视频的风格选择相应的音乐分类。

在这里点击"旅行"类别，显示"旅行"分类中的音乐列表，如图 1-23 所示，通过上下滑动来查看音乐列表中的音乐，点击音乐名称或图片，即可试听该音乐。

点击音乐名称右侧的"星号"图标，可以将音乐加入收藏，点击"使用"按钮，即可将所选择的音乐作为背景音乐使用，然后会自动返回短视频效果编辑界面并应用刚选择的背景音乐，如图 1-24 所示。

点击界面底部选项右上角的"剪刀"图标，进入音乐剪取界面，如图 1-25 所示，通过左右拖动音乐声谱剪取一段音乐，剪取完成后点击"对号"图标。

选择界面底部的"音量"选项卡，可以切换到音量设置界面，如图 1-26 所示。

图 1-19　点击"选择音乐"按钮

图 1-20　显示推荐音乐

图 1-21　"选择音乐"界面

图 1-22　"歌单分类"界面

图 1-23　"旅行"分类列表

图 1-24　选择背景音乐

图 1-25　音乐剪取界面

图 1-26　音量设置界面

小贴士："原声"选项用于控制短视频原声的音量大小，"配乐"选项用于控制所选择背景音乐的音量大小，可以通过拖动滑块的方式调整"原声"和"配乐"的音量大小。

4．添加文字

进入短视频效果编辑界面，点击界面右侧的"文字"图标，如图 1-27 所示。在界面底部显示文字输入键盘，直接输入需要的文字内容，在键盘的上方可以选择对齐方式、字体，以及文字的样式和颜色，如图 1-28 所示。

点击界面右上角的"完成"按钮，完成文字内容的输入和设置，默认文字位于视频中间位置，按住文字并拖动可以调整文字的位置。如果需要对文字内容进行编辑，则可以点击所添加的文字，在弹出的菜单中选择"文本朗读""设置时长""编辑"等选项进行相应的操作，如

图 1-29 所示。

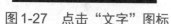

图 1-27　点击"文字"图标　　　　图 1-28　输入并设置文字　　　　图 1-29　文字编辑选项

小贴士：对添加的文字内容还可以进行缩放和旋转操作：通过双指在屏幕上捏合，可以对文字进行缩小操作；通过双指在屏幕上展开，可以对文字进行放大操作；通过双指在屏幕上旋转，可以对文字进行旋转操作。

5. 添加贴纸

在编辑抖音短视频时，可以为其添加有趣的贴纸，并设置贴纸的显示时长。

在短视频效果编辑界面中点击右侧的"贴纸"图标，如图 1-30 所示。在弹出的贴纸界面中显示两种类型的贴纸，分别为"贴图"和"表情"，如图 1-31 所示。

图 1-30　点击"贴纸"图标　　　　图 1-31　"贴图"和"表情"两种类型贴纸

在弹出的贴纸界面中点击任意一个需要使用的贴纸，即可在当前视频中添加该贴纸，如图 1-32 所示。使用双指进行展开操作，可以放大所添加的贴纸，按住贴纸并拖动可以调整贴纸的位置，如图 1-33 所示。点击所添加的贴纸，可以显示贴纸设置选项，如图 1-34 所示。

图 1-32　添加贴纸　　　　图 1-33　调整贴纸大小和位置　　　　图 1-34　贴纸设置选项

6．添加特效

抖音 App 为用户提供了多种内置特效。使用这些特效可以快速实现许多炫酷的视觉效果，使短视频的表现更加富有创意。

在短视频效果编辑界面中，点击右侧的"特效"图标，如图 1-35 所示。切换到特效应用界面，该界面提供了"梦幻""自然""动感""材质""转场""分屏""装饰""时间" 8 种类型的特效，如图 1-36 所示。

拖动白色竖线，调整开始应用特效的位置

特效分类，点击可以切换到相应的分类中

图 1-35　点击"特效"图标　　　　图 1-36　特效应用界面

不同特效的应用方式也有所区别，可以根据界面中的应用提示进行操作。

（1）点击应用特效。切换到"转场"特效分类中，该分类中的特效只需要点击相应的特效图标即可应用，如点击"模糊变清晰"图标，在当前位置应用该特效，如图 1-37 所示。

（2）长按不放应用特效。切换到"分屏"特效分类中，按住"黑白三屏"特效图标不放，抖音会自动播放视频并应用该特效，当放开手指时结束特效应用，如图 1-38 所示。

点击即可应用固定时长的特效

图 1-37　点击应用特效

特效的持续时间与长按不放的时间有关

图 1-38　长按不放应用特效

1.3　任务实施

扫一扫

在了解了有关短视频的基础知识，以及抖音 App 的基本操作之后，接下来，进入任务的实施阶段。在该阶段主要分为以下三大步骤。

（1）前期准备，学习有关视频拍摄画面的构图方法。

（2）中期拍摄，学习使用到的视频与照片的拍摄和构图方法。

（3）后期制作，学习如何在抖音 App 中通过卡点音乐的方法来制作视频电子相册。

1.3.1　前期准备——拍摄画面的构图方法

拍摄视频与拍摄照片相似，都需要对画面中的主体进行适当的摆放，使画面看上去更加和谐、舒适，这便是构图。在拍摄时，成功的构图能够使作品主体重点突出、有条理且富有美感，令人赏心悦目。

1．中心构图

中心构图是一种简单且常见的构图方法，通过将主体放置在相机或手机画面的中心进行拍摄，能更好地突出视频拍摄的主体，让观众一眼看到视频的重点，从而将目光锁定在拍摄对象上，了解拍摄对象想要传递的信息。

采用中心构图拍摄视频最大的优点是主体突出、明确，而且画面容易达到左右平衡的效果。这种简练的构图方法，非常适合用来表现物体的对称性。图 1-39 所示为采用中心构图的画面效果。

图 1-39　采用中心构图的画面效果

2．三分线构图

三分线构图是指将画面从横向或纵向分为 3 个部分，在拍摄时，将拍摄对象或焦点放在三分线的某一位置上进行构图取景，使拍摄对象更加突出，画面更具层次感。三分线构图是一种经典且简单易学的构图方法。

三分线构图一般会将拍摄主体放在偏离画面中心 1/6 处，使画面不至于太枯燥和呆板，还能突出拍摄主题，使画面紧凑有力。此外，使用该构图方法还能使画面具有平衡感，使画面左右或上下更加协调。图 1-40 所示为采用三分线构图的画面效果。

图 1-40　采用三分线构图的画面效果

> **小贴士**：说起构图，最基本的就是要能维持画面的横平竖直，找到画面的平衡点。因此，在拍摄时打开手机中相机的内置网格作为拍摄参考是很有必要的。

如今的智能手机基本都有内置的九宫格网格线，不仅可以帮助用户在拍摄时轻松找到水平线，还能使采用三分线构图、九宫格构图等构图方法的拍摄工作变得轻松、易行。

3．九宫格构图

九宫格构图又被称为"井字形构图"，是拍摄中重要且常见的一种拍摄形式。九宫格拍摄就是把画面当作一个有边框的区域，横、竖各两条线将画面均匀分开，形成一个"井"字。

这 4 条直线为画面的黄金分割线，4 条线所交的点为画面的黄金分割点，也被称为趣味中心。将主体放在趣味中心上就是九宫格构图。

图 1-41 所示的画面效果就采用了典型的九宫格构图，作为主体的人物被放在了黄金分割点的位置，整个画面看上去非常有层次感。

图 1-41　采用九宫格构图的画面效果

此外，采用九宫格构图进行拍摄，能使视频、照片的画面相对均衡，拍摄出来的画面也比较自然和生动。

小贴士：九宫格构图中一共包含4个趣味中心，每个趣味中心都将拍摄主体放在偏离画面中心的位置上，在优化视频空间感的同时，能很好地突出视频拍摄主体，是一种非常实用的构图方法。

4. 黄金分割构图

黄金分割构图是视频和照片拍摄中运用非常广泛的构图方法。当作品中主体对象的摆放位置符合黄金分割原则时，画面会呈现出和谐的美感。

在拍摄过程中，黄金分割点可以表现为对角线与它的某条垂直线的交点。图 1-42 所示为用线段表现画面的黄金比例，对角线与相对顶点的垂直线的交点，即垂足就是黄金分割点。

除此之外，还有一种特殊的表达方法，即黄金螺旋线，如图 1-43 所示，它是以每个正方形的边长为半径延伸出来的一条具有黄金数字比例美感的螺旋线。

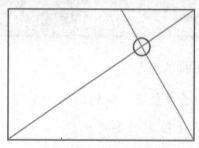

图 1-42　黄金分割点

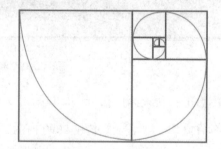

图 1-43　黄金螺旋线

采用黄金分割构图可以在突出拍摄主体的同时，使观众在视觉上感到十分舒适，从而产生美的感受。图 1-44 所示为采用黄金分割构图的画面效果。

图 1-44　采用黄金分割构图的画面效果

5. 前景构图

前景构图是指拍摄者在拍摄视频或照片时，利用拍摄主体与镜头之间的景物进行构图的一种拍摄方式，即拍摄主体前面有一定的事物。采用前景构图拍摄可以增加画面的层次感，在使画面内容更丰富的同时，能很好地展现被拍摄的主体。

前景构图分为两种情况：一种是将拍摄主体作为前景进行拍摄，如图 1-45 所示，将拍摄主体——蒲公英直接作为前景进行拍摄，不仅使拍摄主体更加清晰、醒目，还使画面更有层次感，背景则做虚化处理；另一种是将除拍摄主体以外的物体作为前景进行拍摄，如图 1-46 所示，利用黄色的花朵作为前景，使观众在视觉上有一种向里的透视感，还有一种身临其境的感觉。

图 1-45　拍摄主体作为前景的画面效果　　　图 1-46　拍摄主体以外的物体作为前景的画面效果

6. 框架构图

在取景时，我们可以有意地寻找一些框架元素，如窗户、门框、树枝、山洞等。在选择好边框元素后，调整拍摄角度和拍摄距离，将主体景物安排在边框之中即可。图 1-47 所示为采用框架构图的画面效果。

图 1-47　采用框架构图的画面效果

小贴士：需要注意的是，在拍摄时，有些框架元素会很明显地出现，比如，最常见的窗户、门框等景物，但有些框架元素并不会很明显地出现，比如，在拍摄一些风光景色时，可以将有些倾斜的树枝当作框架。

7. 光线构图

在拍摄过程中所用到的光线有很多种，如顺光、侧光、逆光、顶光 4 种常见的光线。在拍摄过程中，光线的作用不仅是让我们看见拍摄主体，利用好光线还可以使画面呈现出不一样的光影艺术效果。图 1-48 所示为采用光线构图的画面效果。

图 1-48　采用光线构图的画面效果

8. 透视构图

透视构图是指画面中的某一条线或某几条线由近及远形成延伸感，能使观众的视线沿着画面中的线条汇聚到一点。

在视频与照片的拍摄过程中，透视构图可大致分为单边透视和双边透视两种。单边透视是指画面中只有一边带有由远及近形成延伸感的线条，如图 1-49 所示；双边透视则是指画面两边都带有由远及近形成延伸感的线条，如图 1-50 所示。

图 1-49　采用单边透视构图的画面效果　　　　图 1-50　采用双边透视构图的画面效果

透视构图不仅可以增强画面的立体感，而且具有近大远小的规律。画面中近大远小的事物组成的线条，或者事物本身具有的线条能让观众沿着线条指向的方向去看，有引导观众视线的作用。

9. 景深构图

景深构图是指当某一物体聚焦清晰时，从该物体前面到其后面的某一段距离内的所有景物都是相当清晰的，焦点相当清晰的这段前后的距离被称作景深，而其他的地方则是模糊（虚化）的效果。图 1-51 所示为采用景深构图的画面效果。

图 1-51 采用景深构图的画面效果

1.3.2 中期拍摄——视频与照片的拍摄

根据对该视频电子相册的任务分析,我们明确了本任务所需要的素材主要包含一段飞机起飞的视频素材和多张旅游照片素材,然后就可以进行素材的拍摄和分析。

飞机起飞的视频素材主要采用了动态构图的形式进行拍摄,下面就介绍一下动态构图和静态构图两种形式。

1. 动态构图

动态构图是指短视频画面中的表现对象和画面结构不断发生变化的构图形式。动态构图在各类短视频作品中得到广泛运用,是短视频最常用的构图形式。当使用固定镜头拍摄运动的主体或者使用运动镜头进行拍摄时都可以获得动态构图。动态构图的形式多样,强调的是构图的视觉结构变化和画面形式变化,带给观众更多的信息量。

动态构图具有如下 4 个特点。

(1)可以详细地表现动态人物的表情,以及拍摄对象的运动过程。

(2)对被拍摄对象的表现往往是逐渐展现的,其完整的视觉形象靠视觉积累形成。

(3)画面中所有造型元素都在变化之中,例如,光色、景别、角度、主体在画面中的位置、环境、空间、深度等都在变化之中。

(4)不同的运动速度可以表现不同的情绪和多变的画面节奏。

图 1-52 所示为本任务所拍摄的飞机起飞视频素材的画面效果。

图 1-52 飞机起飞视频素材的画面效果

图 1-52 飞机起飞视频素材的画面效果（续）

其他的照片素材可以使用手机或数码相机进行拍摄，在拍摄过程中注意使用前面所讲解的画面构图方法对所拍摄景物进行画面构图处理。

2.静态构图

照片素材主要采用静态构图的形式进行拍摄。静态构图是指使用固定镜头拍摄静止的被拍摄对象和处于静止状态的运动对象的一种构图形式，是画面构图的基础。

静态构图具有如下 4 个特点。

（1）表现静态对象的性质、形态、体积、规模、空间、位置。

（2）画面结构稳定，在视觉效果上有一种强调意义。在拍摄特定人物时能表现出人物的神态、情绪和内心世界，在拍摄全景或远景的景物时能展现出画面的意境。

（3）画面给人以稳定、宁静、庄重的感觉，但长时间的静态构图容易产生呆板、沉闷的感觉。

（4）画面的主体与陪体，以及它们和环境的关系都非常清晰。

图 1-53 所示为本任务所拍摄的旅游照片素材的效果，这里选用了统一的竖版照片素材，便于后期在手机中制作出满屏的视频效果。

小贴士：本任务制作的是一个以旅游为主题的视频电子相册，因此拍摄和选择的素材都是与旅游相关的素材。创作者可以根据电子相册的主题拍摄和选择相应的素材，可以是人物、生活、美食等，不要局限于固定的表现形式。

图 1-53 旅游照片素材的效果

图 1-53 旅游照片素材的效果（续）

1.3.3 后期制作——视频电子相册的制作

1. 导入照片素材

（1）打开抖音 App，点击界面右上角的"搜索"图标，输入"卡点音乐"进行搜索，在搜索结果中通过点击、浏览找到需要的卡点音乐视频，如图 1-54 所示。点击界面右下角的"音乐"图标，显示应用该卡点音乐的相关短视频，如图 1-55 所示。

（2）点击界面底部的"拍同款"按钮，进入短视频拍摄界面并自动应用所选择的视频中的同款卡点音乐，如图 1-56 所示。点击界面右下角的"相册"图标，进入相册素材选择界面，选择需要导入的多个素材，这里选择了 1 段视频素材和 7 张照片素材，如图 1-57 所示。

所选择的
卡点音乐

图 1-54 找到需要的卡点音乐 图 1-55 显示应用该卡点音乐的短视频 图 1-56 短视频拍摄界面

小贴士：点击"拍同款"按钮，在进入短视频拍摄界面时，系统会根据所选择的音乐的时长提示用户最多可以拍摄多长时间的短视频。这里需要通过导入素材来制作短视频，并对各段素材的时长进行编辑调整，保证总时长与所选择的音乐时长保持一致。

（3）点击"下一步"按钮，进入视频预览界面，默认为"音乐卡点"模式，如图 1-58 所示，但此时的音乐卡点效果并不是正确的效果。选择"普通模式"选项卡，切换到普通模式编辑状态，如图 1-59 所示。

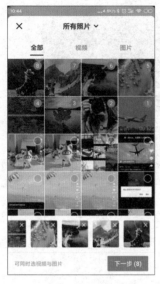

图 1-57 选择需要的素材

图 1-58 短视频预览界面

图 1-59 普通模式编辑状态

2. 编辑素材时长

（1）在界面底部选择第 1 段视频素材，进入第 1 段视频素材的编辑界面，并通过拖动视频素材左右两侧的红色竖线调整其持续时长，这里将第 1 段视频素材的持续时长调整为 8.3s，如图 1-60 所示。点击界面右下角的"对号"图标，完成第 1 段视频素材的编辑。点击第 2 段图片素材，进入第 2 段照片素材的编辑界面，这里将该照片素材的持续时长调整为 0.5s，如图 1-61 所示。

图 1-60 调整视频素材持续时长

图 1-61 调整图片素材持续时长

（2）点击界面右下角的"对号"图标，完成第 2 段图片素材的编辑。使用相同的操作方法，将其他图片素材的持续时长都调整为 0.5s，如图 1-62 所示。点击界面右上角的"下一步"按钮，进入短视频效果编辑界面，可以预览该短视频的效果，如图 1-63 所示。

图1-62 调整其他图片素材持续时长

图1-63 预览音乐卡点短视频的效果

小贴士：在"音乐卡点"选项卡下，剪映App会根据所选择的音乐自动调整每个素材的持续时长，从而满足整首音乐的时长，但每个素材的时长无法进行手动调整；在"普通模式"选项卡下，剪映App可以分别对每个素材的时长进行调整，但是在普通模式编辑状态下是无法听到卡点音乐的，所以在调整过程中可以直接点击"下一步"按钮，进入短视频效果编辑界面中进行预览，再点击左上角的"返回"图标，返回普通模式编辑状态，对素材时长进行编辑修改。

3. 添加贴纸和转场特效

（1）点击短视频效果编辑界面上方的音乐名称，在界面下方选择"音量"选项卡，切换到音量设置界面，将"原声"选项的值设置为0，如图1-64所示。选择界面右侧的"贴纸"图标，在"贴图"选项卡中，点击需要使用的贴纸，如图1-65所示。

（2）点击刚添加的贴纸，在弹出的菜单中选择"设置时长"选项，如图1-66所示。在弹出的贴纸时长设置界面中将贴纸的持续时长设置为与第1段视频素材的持续时长相同，如图1-67所示。点击界面右下角的"对号"图标，返回短视频效果编辑界面。

| 图1-64 将"原声"选项的值设置为0 | 图1-65 点击需要使用的贴纸 | 图1-66 选择"设置时长"选项 | 图1-67 调整贴纸的持续时长 |

（3）点击界面右侧的"特效"图标，切换到特效应用界面，选择"转场"选项卡中的"模糊变清晰"图标，在短视频开始位置应用该特效，如图 1-68 所示。切换到"动感"选项卡中，拖动白色竖线至第 1 段素材与第 2 段素材衔接的位置，点击"摇摆"图标，为第 1 段和第 2 段的素材过渡部分应用该特效，如图 1-69 所示。

图 1-68　应用"模糊变清晰"特效

图 1-69　应用"摇摆"特效

（4）使用相同的制作方法，可以在其他每段素材之间的过渡部分应用"摇摆"特效，如图 1-70 所示。点击界面右上角的"保存"按钮，保存特效设置并返回短视频效果编辑界面。点击界面右侧的"画质增强"图标，增强短视频的画质显示效果，如图 1-71 所示。

图 1-70　在其他每段素材之间添加特效

图 1-71　开启"画质增强"功能

4. 发布短视频

（1）在完成短视频效果设置后，点击界面右下角的"下一步"按钮，切换到"发布"界面，如图 1-72 所示。点击"选封面"图标，进入短视频封面设置界面，在视频条上拖动红色方框，选择某一帧视频画面作为短视频封面，如图 1-73 所示。

（2）点击界面右上角的"保存"按钮，返回"发布"界面，完成短视频封面设置。在"发布"界面中还可以设置短视频的话题、位置等信息，如图1-74所示。点击"发布"按钮，将制作好的短视频发布到抖音短视频平台中，会自动播放所发布的短视频，如图1-75所示。

图1-72 "发布"界面（1）

图1-73 选择封面画面

图1-74 "发布"界面（2）

图1-75 成功发布短视频

小贴士：在抖音App中，除了可以通过本案例所介绍的"拍同款"的功能快速制作卡点音乐电子相册，还可以使用抖音App中的影集模板功能，只要根据影集模板的提示替换模板中相应数量的照片，就可以快速地制作出属于自己的视频电子相册，非常方便、快捷，而且具有非常不错的视觉效果。

打开抖音App，点击界面底部的"加号"图标，进入短视频创作界面，选择界面底部的"影集"选项卡，切换到"影集模板"界面，如图1-76所示。在不同的选项分类中点击相应的影集模式，即可进行影集效果的浏览，如图1-77所示。

在每个影集模板下方的说明文字中会说明当前影集模板使用几张照片能够获得最佳的效果，可以根据选择的影集模板来决定照片素材的数量。

图 1-76 　"影集模板"界面

图 1-77 　预览影集效果

1.4 检查评价

本任务完成了一个视频电子相册的制作，为了帮助读者理解使用抖音 App 制作视频电子相册的方法和技巧，在读者完成本学习情境内容的学习后，需要对其学习效果进行评价。

1.4.1 检查评价点

（1）所拍摄视频素材和照片素材的完整性和美观性。

（2）能够合理地调整所拍摄画面的构图。

（3）能够熟练掌握在抖音 App 中制作短视频的方法。

1.4.2 检查控制表

学习情境名称	视频电子相册	组　别		评　价　人		
检查检测评价点				评 价 等 级		
				A	B	C
知　识	能够描述短视频的特点					
	能够说明制作优质短视频的五大要素					
	能够举例说明画面拍摄的构图方法					
技　能	拍摄的照片画面构图正确					
	视频画面衔接流畅					
	熟练地使用抖音 App 制作电子相册视频					
	能够在抖音平台上发布视频电子相册					
素　养	能够耐心、细致地聆听视频制作需求，准确地记录任务关键点					
	能够独立阅读，并准确划出学习重点					
	能够与他人进行良好的沟通					
	在团队合作过程中能主动发表自己的观点					
	能够虚心向他人学习并听取他人意见及建议					
	能够发现身边的美好瞬间，感受美，传递美					
	工作结束后，能够将工位整理干净					

1.4.3 作品评价表

评 价 点	作品质量标准	评 价 等 级		
		A	B	C
主 题 内 容	视频内容积极健康、切合主题			
直 观 感 觉	作品内容完整，可以独立、正常、流畅地播放；画面构图完美			
技 术 规 范	视频尺寸规格符合规定的要求			
	视频画面清晰，拍摄主体呈现的效果与实际相符			
	视频作品输出格式符合规定的要求			
镜 头 表 现	视频音乐节奏与主题内容相称			
	音画配合适当			
艺 术 创 新	根据视频内容配合的文字变化新颖、时尚			
	视频整体表现形式有新意			

1.5 巩固扩展

1. 任务

根据本学习情境所讲内容，运用所学知识，读者可以自己使用手机或数码相机拍摄视频与照片素材，视频相册的主题不限，可以是旅行、生活、美食等，最终使用抖音 App 中的"拍同款"或影集模板功能，将所拍摄的素材制作成视频电子相册。

2. 任务要求

时长：1min 以内。

素材数量：不得少于 10 张照片素材。

素材要求：使用合理的构图方法进行视频和照片素材的拍摄。

制作要求：使用抖音 App 中的"拍同款"或影集模板功能，制作出精美的视频电子相册。

1.6 课后测试

在完成本学习情境内容的学习后，读者可以通过几道课后测试题检验一下自己对"视频电子相册"的学习效果，同时加深对所学知识的理解。

一、选择题

1. 在通常情况下，短视频即短片视频，是指在互联网新媒体上传播时长在（   ）以内的视频。

A．1min   B．5min   C．10min   D．30min

2. 平台普通用户自主创作并上传内容，这里的普通用户是指非专业的个人生产者。这种短视频生产方式简称（   ）。

A．UGC   B．PUGC   C．PGC   D．PUC

3．在视频和照片的拍摄过程中，成功的构图能够使作品主体重点突出，以下哪些属于常用的构图方法？（　　）（多选）

A．中心构图　　　B．前景构图　　　C．框架构图　　　D．九宫格构图

二、判断题

1．抖音 App 主要可以用来浏览和分享短视频，而无法进行短视频的制作。（　　）

2．在抖音 App 中，可以直接拍摄短视频，但是无法将手机中的视频或照片素材导入抖音 App 中进行处理。（　　）

3．构图最基本的就是要能维持画面的横平竖直，找到画面的平衡点。（　　）

Vlog 短视频

随着传播载体的不断更迭，人们对日常生活的记载形式已经从静态呈现转变为动态展现，从图文表述转变为视频和声音的传达。本学习情境将向读者介绍有关 Vlog 短视频的知识，并通过一个 Vlog 短视频的拍摄与后期制作，使读者不仅能够掌握 Vlog 短视频的拍摄方法与制作技巧，还能够动手制作出属于自己的 Vlog 短视频。

2.1 情境说明

Vlog 多为记录创作者的个人生活日常，可以是参加大型活动的记录，也可以是日常生活琐事的集合，甚至可以是个人情绪的表达或者是对某个事情的记录和评论，其主题是非常广泛的。

2.1.1 任务分析——Vlog 短视频

本任务将通过手机自拍一段生活 Vlog 短视频，即个人日常生活的短视频。然而一天的日常生活片段太长，这里只选取早晨起床的一段进行拍摄。

Vlog 短视频可以将早晨起床出门的场景划分为不同的段落镜头进行表现，主要镜头包括掀被子、扔手表、戴手表、拿衣服、穿衣服、拿裤子、起跳、穿好裤子落地、拿鞋子、踩脚穿好鞋子等，最后通过短视频剪辑软件对这一系列的起床动作镜头进行剪辑、组接，再搭配上充满节奏的音乐，表现出生活的快节奏感。图 2-1 所示为本任务所制作的生活 Vlog 短视频的部分截图。

图 2-1　生活 Vlog 短视频的部分截图

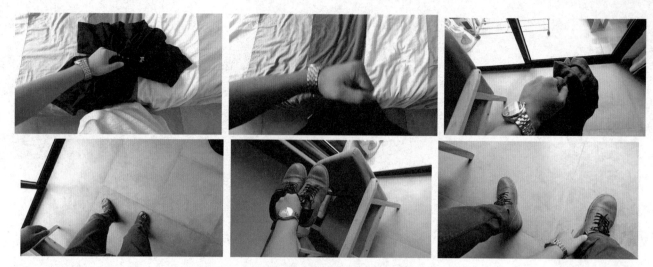

图 2-1　生活 Vlog 短视频的部分截图（续）

2.1.2　任务目标——掌握 Vlog 短视频的拍摄与制作

每个年代的人都有自己的青春表达方式。五四运动之后采用的是白话文、新诗的表达方式；90 年代采用的是影像的表达方式；到现在这个时代，可以采用新媒体、短视频的方式，记录自己的青春，表达自己的青春，弘扬社会主义核心价值观，体现当代青年人积极向上的精神风貌，传递正能量。

当短视频创作进入"下半场"时，Vlog 已经成为当之无愧的主角。随着近两年短视频的逐渐饱和，视频市场对于新型视频产品的需求日益明显，而 Vlog 很好地满足了这个需求。

想要完成本任务中 Vlog 短视频的拍摄与后期制作，需要掌握以下知识内容。

- 了解什么是 Vlog，为什么要拍 Vlog，以及 Vlog 短视频的特点和创意。
- 了解 Vlog 短视频的制作流程。
- 认识剪映 App 的工作界面。
- 了解短视频的拍摄设备和稳定设备。
- 了解什么是开放式构图。
- 掌握 Vlog 短视频各个分镜头的拍摄方法。
- 掌握在剪映 App 中对视频片段进行剪辑处理的方法。
- 掌握在剪映 App 中为短视频添加音乐的方法。

2.2　关键技术

以往的短视频常注重内容的拍摄，对剪辑只进行简单处理，而 Vlog 通过专业性较高的剪辑使作品符合高级的非线性视觉逻辑和影像审美。在进行 Vlog 短视频的拍摄与后期处理之前，首先需要了解有关 Vlog 短视频制作与后期处理的知识。

2.2.1　了解 Vlog

1．什么是 Vlog

Vlog 是博客的一种全新类型，英文全称为 Video blog，意思是视频记录、视频博客、视频网络日志，源于 blog 的变体，强调时效性，创作者以影像代替文字和图片，拍摄和制作个人 Vlog，并上传与网友分享。Vlog 制作是一种学习实践，利用碎片化的时间进行拍摄不仅提高了 Vlog 的制作效率，还是对 Vlog 制作的一种学习。

通常一个 Vlog 短视频长度在 1～10min，内容大多数是以拍摄者为主角的个人生活记录，或者是具有个人特色的视频日记。这种以第一视角为主线的生活记录方式充分满足了当代观众对美好生活的向往，使其能够在观看的同时与 Vlog 创作者产生某种程度上的共鸣与沟通，因为这种微妙的陪伴感从而进一步提升观众对 Vlog 的收看欲望。

2．Vlog 的发展

早在 2012 年，Vlog 就在国外兴起并逐渐流行，2015 年，Vlog 在视频网站中迎来爆发期，一批职业 Vlogger 开始出现。

相对于国外，国内 Vlog 原创短视频则起步较晚。从最初使用笔记本写日记的方式记录生活，到现在使用 Vlog 视频网络日志的方式记录生活、分享心情，在短短几年的时间里，随着传播载体的不断更迭，从静态到动态的展现记载形式也随之发生变化。在 Vlog 这种短视频形态中，创作者一般会对录像进行剪辑，在视频前面部分标注拍摄日期，加入旁白、图片，对于单调的场景采用快进和特效的方式。相比于录像，Vlog 更有趣，可看性更高。

图 2-2 所示为生活美食类 Vlog 短视频。

图 2-2　生活美食类 Vlog 短视频

3．Vlog 可以拍什么

Vlog 非常适合年轻人，能拍的东西有很多很多，比如，记录日常生活（和孩子相处的点滴，或者去菜场买菜的路上）、拍摄旅行日志、测评分享、技能展示等，这些都可以作为 Vlog 的主题。图 2-3 所示为旅行日志类 Vlog 短视频，图 2-4 所示为美食制作类 Vlog 短视频。

有时看起来平凡无奇的小视频，更能引起观众的共鸣。而且因为 Vlog 博主分享自己的日常相对容易，每天都有素材，还能轻易拉近与粉丝的距离，所以 Vlog 博主"吸粉"更容易，视频产出相对较多，广告植入简单、不刻意，不易引起粉丝反感，使 Vlog 更具有优势。因此，Vlog 博主只要高产视频、积累粉丝，就能通过 Vlog 点击量带来的广告费用获得不错的收入。

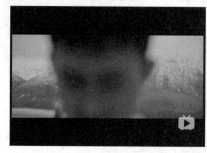

图 2-3　旅行日志类 Vlog 短视频

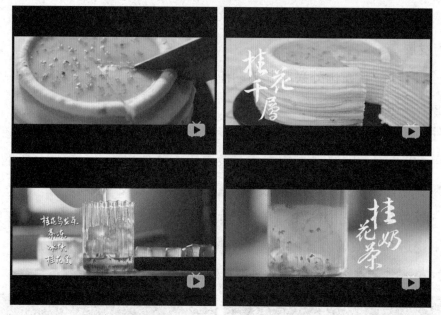

图 2-4　美食制作类 Vlog 短视频

小贴士：Vlog 短视频以生活题材为主打内容，不乏涉及一些漫展、动画、番剧等以年轻群体为中心的二次元的内容，通过迎合着他们的兴趣爱好，再借助趣味性较强的标题，吸引其点击观看，获得超高播放量。

2.2.2　为什么要拍 Vlog

对全球范围内的 95 后甚至 00 后来说，Vlog 已逐渐成为他们记录生活、表达个性的主要方式。

Vlog 短视频的特点主要表现在以下几个方面。

（1）自然、平凡的生活记录：一次旅行、一次展览、一次绘画、一次游戏都可以作为素材。

（2）独特的人格化：Vlog 镜头言语、人物的特性和自我表达都很鲜明，既满足了创作者真实记录的需求，又满足了观众获得情感联系与归属感的需要。

（3）难度较高的创作门槛：Vlog 需要博主精良的拍摄、规划和剪辑。

（4）短视频领域的审美区隔：Vlog 短视频着重于自然、真实的叙述。旅行 Vlog 短视频反映出精致、充实的生活态度，学习生活 Vlog 短视频透露出独立、自主的奋斗品质，这些都在迎合现代年轻人的审美品位。

> **小贴士**：《网络短视频平台管理规范》规定，短视频平台不得宣扬不良、消极、颓废的人生观、世界观和价值观的内容，包括拜金主义、享乐主义、"丧"文化等。

2.2.3 Vlog 与其他类型的短视频有什么不同

其他类型的短视频是创作者通过一种旁观者的角度对视频内容进行二次创作的，而 Vlog 基本是需要创作者通过真人出镜或旁述的方式向观众分享生活和表达一些观点、理念的。

在类型上，与现在主流的娱乐类型短视频相比，Vlog 没有花哨华丽的画面，也没有太多的刻意设计和艺术加工，更偏向于内容真实、节奏平缓的生活记录，充分发挥其可视性、多维性与真实性，观众像是面对面地听着创作者讲述，与创作者一同感受某件事情。

在拍摄和剪辑风格上，Vlog 有着更高的自由度，没有太多的剪辑框架，虽然都是剪辑，但是 Vlog 是真实表现而并非"表演"，不能任凭创作者的想象力进行剪辑。

图 2-5 所示为出色的 Vlog 短视频创作。

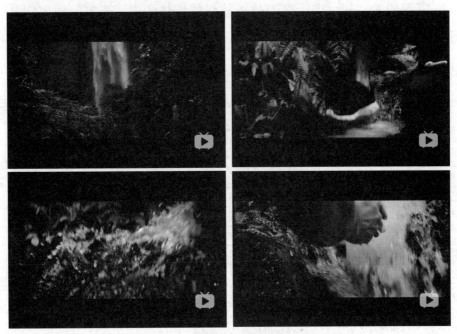

图 2-5 出色的 Vlog 短视频创作

2.2.4 关于短视频创意

短视频的受众具有无限宽广性，凡是有条件接触移动互联网的人都可能成为短视频的受众，所以在这个人人都能参与的"草根秀"时代，低门槛的短视频将影视这种高雅艺术平民化，真正实现了影视艺术的互动。

如同诗人需要"灵感"一样，网络短视频非常需要"创意"，但是创意从何而来？

其实，创意并不像有些人说的那么神秘，是有一定规律可循的，也有其理论原理，并且有许多方法。这些方法并不神秘，它们是人类智慧的结晶。创意方法不仅需要从书本中学习，还需要从实践中积累和领悟。

从表面上看，创意似乎总是在违背一定的规律。但是从根源上看，创意一定是符合某种规律的，它是在原规律的基础上融合非规律的一种创新理念，并且能够满足一种审美需求。

创意是一种灵感，创作是一种创造过程，网络短视频内容的生成是创意与创作相互合作的结果。创意在前，创作继之，部分重合。

创意一般包含以下 4 个要素。

（1）创意形成的前提：动机、目的。

（2）创意形成的基础：知识的积累。

（3）创意形成的过程：选择性、可变性。

（4）创意形成的关键：联想、假设。

2.2.5 短视频脚本策划

脚本相当于短视频的主线，用于表现故事脉络的整体方向。要想创作出别具一格的短视频作品，短视频脚本的策划不容忽视。

1. 短视频脚本构成要素

脚本的构成主要包含 8 个要素，即框架搭建、主题定位、人物设定、场景设定、故事线索、影调运用、音乐运用和镜头运用。表 2-1 所示为短视频脚本构成要素的简介。

表 2-1　短视频脚本构成要素的简介

构 成 要 素	简 单 介 绍
框架搭建	在脑海里搭建短视频总框架，如拍摄主题、故事线索、人物关系、场景选址等
主题定位	短视频想要表达的中心思想和主题
人物设定	短视频中需要设置几个人物，每个人物分别需要表达哪方面的内容
场景设定	短视频在哪里拍摄，室内、室外、摄影棚，还是绿幕抠像
故事线索	剧情如何发展，利用怎样的叙述方式来调动观众的情绪
影调运用	根据短视频的主题情绪，如悲剧、喜剧、怀念、搞笑等，配合相应的影调
音乐运用	根据短视频的主题选择恰当音乐，渲染短视频剧情
镜头运用	使用什么样的镜头进行短视频内容的拍摄

2. 按照短视频大纲安排素材

短视频大纲属于短视频策划中的工作文案。创作者在撰写短视频大纲时需要注意两点：一是大纲要呈现出主题、故事情节、人物与题材等短视频要素，二是大纲要清晰地展现出短视频所要传达的信息。

　　主题是短视频大纲中必须包含的基本要素。主题是短视频要表达的中心思想，即想要向观众传递什么信息。每个短视频都有主题，而素材是支撑主题的支柱。只有具备了支柱，主题才能撑起来，短视频才能更具有说服力。

　　故事情节包括故事和情节两部分，故事是对叙事的主要素进行描述，包括时间、地点、人物、起因、经过、结果，而情节用来描述短视频中人物所经历的波折。故事情节是短视频拍摄的主要部分，素材收集也要为该部分服务，比如，短视频需要的道具、人物造型、背景、风格、音乐等都需要视情节而定。

　　短视频大纲还包括对短视频题材的阐述。不同题材的作品有着不同的创作方法和表现形式，例如，对科技类短视频而言，数码类产品本身具有复杂、更新速度较快的特点，虽然能够提供源源不断的各种素材，也能够保持观众的持续关注，但是在拍摄这类短视频时，一定要严格把控素材的时效性，这就需要创作者在获得第一手的素材时快速进行处理与制作，然后进行传播。

　　小贴士：《网络短视频平台管理规范》规定，短视频平台不得展示淫秽色情，渲染庸俗低级趣味，宣扬不健康和非主流的婚恋观的内容。

2.2.6　制作 Vlog 短视频的流程

　　综上所述，Vlog 的基本内容和特点已经介绍得差不多了，那么如何才能完成一个 Vlog 短视频的制作呢？下面整理了 Vlog 短视频制作的简单流程，能使创作者快速上手并制作出有趣的 Vlog 短视频。

1．前期策划

　　在开始进行 Vlog 拍摄制作前，需要构思好 Vlog 的内容，例如，今天要拍摄什么主题，大概需要哪些素材，拍摄的角度、整个视频的节奏是什么样的，甚至要考虑好选择什么类型的音乐等。主题可以从自己感兴趣的入手，从身边的小事入手。

2．拍摄

　　刚开始拍摄用手机就可以了，当然有条件的可以使用专业设备，这里先以手机为例。其实很简单，首先使用手机进行视频自拍，在镜头面前自言自语，假装有观众；然后尽情、大胆地展示自己，积极调动自己，用幽默、有趣的语言展示自己；最后把平凡的琐事讲成故事。

3．后期制作

　　在拍摄了全部想要的画面以后，就可以进入后期制作了。可以选择一款自己熟悉的视频后期编辑软件对短视频进行剪辑处理。剪辑的基本逻辑就是按照拍摄视频的逻辑线组合排列视频，尽量靠近有趣的角度，发散思维，完成制作。当然还有一个方法就是观看别人的优秀视频进行学习。

4．上传 Vlog

完成 Vlog 短视频的后期剪辑处理之后，就可以将其上传到不同的短视频平台。国内最早的 Vlog 短视频主要集中在 bilibili，目前，腾讯、微博、今日头条等平台都有 Vlog 的布局。

2.2.7 编辑 Vlog 短视频的软件

随着短视频的迅速流行，能够进行短视频后期编辑的软件有很多，下面介绍一款移动端的 Vlog 短视频编辑工具——剪映。

剪映是抖音推出的官方短视频剪辑 App，可用于手机短视频的剪辑、制作和发布，并且带有全面的短视频剪辑功能，支持变速、多样滤镜等效果，拥有丰富的音乐库资源。剪映 App 目前发布的系统平台版本有 iOS 版和 Android 版。图 2-6 所示为剪映 App 图标。

在手机的应用市场中搜索并安装剪映 App，打开剪映 App，进入剪映默认的初始工作界面，该界面由 3 个部分构成，分别是"创作区域""草稿区域""功能菜单区域"，如图 2-7 所示。

图 2-6　剪映 App 图标　　　　　　　　图 2-7　剪映 App 初始工作界面

1．创作区域

点击"创作区域"中的"开始创作"图标，即可在弹出的界面中选择需要编辑的视频或照片进行短视频的创作。

点击"创作区域"中的"拍摄"图标，可以进入剪映 App 的视频拍摄界面，如图 2-8 所示。

点击"创作区域"右上角的"功能引导"图标，切换到"功能引导"界面，如图 2-9 所示。该界面对剪映 App 中主要的视频剪辑功能进行了简单的介绍和操作说明，方便新用户了解和使用剪映 App。

点击"创作区域"右上角的"设置"图标，切换到"设置"界面，可以设置是否需要自动添加片尾，以及软件的相关说明，如图 2-10 所示。

图 2-8　视频拍摄界面　　　　　图 2-9　"功能引导"界面　　　　图 2-10　"设置"界面

2. 草稿区域

剪映初始工作界面的中间部分为"草稿区域",该部分包含"剪辑草稿""模板草稿""云备份" 3 个选项卡,如图 2-11 所示。在剪映 App 中所有未完成的视频剪辑都会显示在"剪辑草稿"选项卡的区域中。需要注意的是,已经剪辑完成的视频会保存到本地,也会保存到"剪辑草稿"选项卡的区域中。

3. 功能菜单区域

剪映初始工作界面的底部为"功能菜单区域",该部分包含了剪映 App 的主要功能分类。

"剪辑"界面:该界面是剪映 App 的初始工作界面。

图 2-11　草稿区域

"剪同款"界面:为用户提供了多种不同风格的短视频模板,如图 2-12 所示,方便新用户快速上手,制作出精美的同款短视频。

"创作学院"界面:为用户提供了有关短视频创作的在线教程,如图 2-13 所示,供用户学习。

"消息"界面:显示用户所收到的各种消息,包括官方的系统消息、发表的短视频评论、粉丝留言、点赞等,如图 2-14 所示。

"我的"界面:个人信息界面,显示用户个人信息,以及喜欢的短视频模板等内容,如图 2-15 所示。

在剪映 App 初始界面的"创作区域"中点击"开始创作"图标,在弹出的界面中显示当前手机中的视频和照片,选择需要剪辑的视频,如图 2-16 所示。点击"添加"按钮,即可进入视频剪辑界面,该界面主要分为预览区域、时间轴区域、工具栏区域 3 部分,如图 2-17 所示。

图 2-12 "剪同款"界面　图 2-13 "创作学院"界面　图 2-14 "消息"界面　图 2-15 "我的"界面

可以选择手机中的
视频或照片

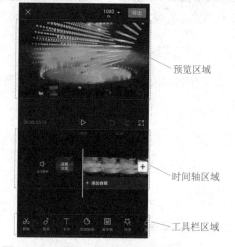

预览区域

时间轴区域

工具栏区域

图 2-16 选择需要剪辑的视频　　　　图 2-17 进入视频剪辑界面

　　在预览区域的底部为用户提供了相应的视频播放图标，如图 2-18 所示。其中，点击"播放"图标，可以在当前界面中预览视频；点击"撤销"图标，可以撤销在该界面中视频编辑操作中出现的失误；点击"恢复"图标，可以恢复上一步所做的视频编辑操作；点击"全屏"图标，可以切换到全屏模式预览当前视频。

　　图 2-19 所示为时间轴区域，上方显示的是视频时间刻度；白色竖线为时间指示器，指示当前的视频位置，可以在时间轴上任意滑动视频；点击时间轴左侧的"喇叭"图标，可以开启或关闭视频中的原声。

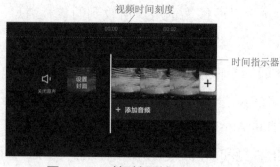

视频时间刻度

时间指示器

当前视频时间
和总时长

图 2-18 预览区域　　　　　图 2-19 时间轴区域

小贴士：在视频轨道的下方可以增加音频轨道、文本轨道、贴纸轨道和特效轨道，其中，音频、文本和贴纸轨道可能有多条，而特效轨道只能有一条。

在视频剪辑界面底部的工具栏区域中点击相应的图标，即可显示该工具的二级工具栏，图 2-20 所示为"音频"图标的二级工具栏。用户可以通过点击二级工具栏中的图标实现视频中相应内容的添加。

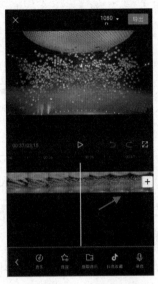

图 2-20　"音频"图标的二级工具栏

2.3　任务实施

在了解了 Vlog 短视频的相关知识及剪映 App 的基本操作之后，接下来就进入任务的实施阶段。在该阶段主要分为以下三大步骤。

（1）前期准备，学习 Vlog 短视频策划的相关知识，并且了解短视频拍摄的相关设备。

（2）中期拍摄，了解开放式构图形式的知识，并且对各视频片段进行分镜头拍摄。

（3）后期制作，讲解如何在剪映 App 中对多段视频素材进行剪辑制作，并添加音乐，最终制作成完整的 Vlog 短视频。

2.3.1　前期准备——Vlog 短视频策划及拍摄设备的准备

1．Vlog 短视频策划

本任务通过手机自拍一段生活类 Vlog 短视频，记录个人的日常生活。

1）明确拍摄主题

在该生活类 Vlog 短视频中重点拍摄早晨起床穿戴准备出门的部分，该短视频中并不需要说话，主要是通过一系列的动作表现早晨起床的场景。最后在后期视频剪辑中，使视频表现出清晰、明快的节奏感。

2）拍摄地点

生活类 Vlog 短视频的拍摄地点比较随意，并没有什么特定要求，只要是日常生活的地点就可以。本任务主要拍摄的是早晨起床的场景，所以拍摄地点主要位于卧室内。

3）拍摄对象

在该生活类 Vlog 短视频的拍摄过程中，重点在于表现人物在早晨起床后的一系列动作，所以重点拍摄的是动作，例如，拿衣服、拿鞋子等，而不是人物本身。

4）拍摄镜头

该生活类 Vlog 短视频主要表现早晨起床的场景，可以将早晨起床出门的场景划分为不同的段落镜头进行表现，主要镜头包括掀被子、扔手表、戴手表、拿衣服、穿衣服、拿裤子、起跳、穿好裤子落地、拿鞋子、跺脚穿好鞋子等。

2．选择拍摄设备

拍摄视频需要一定的专业技巧，尤其是拍摄几十秒的短视频，每个镜头都需要反复思考，有些视频还需要特定的拍摄装备。对于刚接触短视频拍摄的初学者，建议先使用手机进行拍摄，在掌握了一定的拍摄技巧后，再使用更专业的视频拍摄设备。

手机最大的特点就是方便携带。用户可以随时随地进行拍摄，在遇到精彩的瞬间时就可以拍摄下来永久保存。但是，因为不是专业的摄像设备，所以它的拍摄像素低，拍摄质量不高。如果光线不好，拍摄出来的照片就容易出现噪点。

此外，在用手机拍摄时可能会出现手抖动的情形，从而造成视频画面出现剧烈晃动，后期的视频衔接出现卡顿等问题。针对手机拍摄视频过程中的种种问题，短视频创作者可以用一些"神器"来解决。

1）手持云台

在用手机拍摄时，可以配备专业的手持云台，这样在操作时可以避免因为手抖动造成的视频画面晃动等问题，适用于一些对拍摄技巧需求高的用户。图 2-21 所示为手持云台设备。

2）自拍杆

作为一款风靡世界的"神器"，自拍杆能帮助用户通过遥控器完成多角度拍摄动作，是短视频拍摄过程中的一款主力"神器"，该设备适用于常常外出旅游的短视频创作者。图 2-22 所示为自拍杆设备。

图 2-21　手持云台

图 2-22　自拍杆

3）手机支架

手机支架可以释放拍摄者的双手，将它固定在桌子上还能防摔、防滑，适用于在拍摄时双手需要做其他事情的短视频创作者。图 2-23 所示为手机支架设备。

4）手机外置摄像镜头

手机的外置摄像镜头可以使拍摄出来的画面更加清晰，人物形态更加生动、自然。因为操作简单，价格不算贵，所以该设备适用于想拍好短视频和享受短视频乐趣的短视频创作者。图 2-24 所示为手机外置摄像镜头设备。

图 2-23　手持支架

图 2-24　手机外置摄像镜头

小贴士：虽然手机的拍摄功能已经非常强大，但是与专业的拍摄器材相比，手机拍摄的质量仍然会略显不足。目前，常用的短视频拍摄设备有手机、单反相机、家用 DV 摄像机、专业级摄像机等。

3. 选择稳定设备

短视频拍摄对设备的稳定性要求非常高。首先视频拍摄并不能一直手持拍摄，必须借助于独脚架、三脚架或稳定器。

先说独脚架和三脚架。如果要求不高，大部分摄影用独脚架或三脚架就可以胜任了，但是在拍摄短视频时，需要更换视频云台。视频云台的作用是通过油压或液压实现均匀的阻尼变化，从而实现镜头中"摇"的动作，所以视频云台对稳定设备而言，是非常重要的。图 2-25 所示为独脚架和三脚架。

图 2-25　独角架和三脚架

另外，对于稳定器的选择。目前，稳定器的种类非常多，常见的稳定器有手机稳定器、微单稳定器和单反稳定器（大承重稳定器）。

对于稳定器的选择需要考虑两个因素：一个是稳定器和使用的相机型号能否进行机身电子跟焦，如果不能，则需要考虑购买跟焦器；另一个是稳定器在使用时，必须进行调平处理，虽然有些稳定器可以模糊调平，但是严格调平使用起来更为高效。

小贴士：选择稳定器时，首先要考虑稳定器的承载能力，如果使用的是小型微单的拍摄设备，选择微单稳定器就可以了；如果使用的拍摄设备重量较大，哪怕是微单，但镜头比较大，也建议选择更大型的单反稳定器。

4. 选择收声设备

收声设备是最容易被忽略的短视频设备，但是短视频拍摄是"图像+声音"的形式，因此收声设备非常重要。

收声只依靠机内麦克风是远远不够的，因此需要外置麦克风。最常见的外置麦克风包括无线麦克风，又称"小蜜蜂"，以及指向性麦克风，也就是常见的机顶麦。

外置麦克风的种类非常多，不同外置麦克风适用于不同的拍摄场景。无线麦克风一般更适合用于现场采访、在线授课、视频直播等，如图 2-26 所示为无线麦克风。而机顶麦更适合一些现场收声的环境，例如，微电影录制、多人采访等，如图 2-27 所示为机顶麦。

图 2-26　无线麦克风

图 2-27　机顶麦

小贴士：在通常情况下，为了更好地保证收声效果，如果相机具备耳机接口，尽可能使用监听耳机进行监听，保证声音的正确。另外，在室外拍摄时，风声是对收声最大的挑战，因此一定要用防风罩降低风噪。

5. 选择灯光设备

灯光设备对于短视频拍摄同样非常重要，因为短视频拍摄多数是以人物为主体的，所以很多时候都需要用到灯光设备。虽然灯光设备不是日常短视频拍摄的必备器材，但是想要获得更好的视频画质，灯光是必不可少的。

好的灯光设备对提升短视频的质量而言非常重要。不过，对日常的短视频拍摄而言，并不需要特别专业的大型灯光设备，一些小型的 LED 补光灯（主要用于录像、直播）或射灯（主要用于拍摄静物）就足够用了。图 2-28 所示为小型的 LED 补光灯和射灯。

图 2-28　小型的 LED 补光灯和射灯

6．其他辅助设备

为了更好地实现日常短视频拍摄，一般还需要一些辅助设备，常见的辅助设备有反光板、幕布等。

1）反光板

对于光线直接照射的画面，如果想要获得更好的曝光效果，可以尝试使用反光板，直径为 80CM 的反光板足以胜任。

2）幕布

很多真人出镜的视频，其背景过于混乱直接影响观看体验。这时可以尝试使用幕布，如纯色幕布、定制幕布，以及不同图案背景的幕布，可以使用无痕钉固定幕布，这样粘贴在墙面上的幕布可以达到无痕的效果。

2.3.2　中期拍摄——分镜头拍摄

本任务的生活类 Vlog 短视频在拍摄过程中使用开放式构图的方式进行拍摄，首先一起了解一下什么是开放式构图。

1．开放式构图

开放式构图是一种在构图时不限定主体在画面中所处位置的构图形式。开放式构图不强调构图的完整性、均衡性和统一性，而是着重表现画框内的主体与画框外可能存在的人物或景物之间的内在联系，引导观众对画框外的空间产生联系和想象。图 2-29 所示为开放式构图的视频画面效果。

开放式构图具有如下几个特点。

（1）主体往往是不完整的，表现出一种视觉独特的构图艺术。

（2）构图往往是不均衡的，观众可以通过想象画框外有着与画框内主体相关联事物的存在，实现心理上的均衡。

（3）表现的重点是主体与画框外空间的联系，引导观众关注画外空间，引发观众思考并参与画面意义的构建。

图 2-29　开放式构图的视频画面效果

小贴士：开放式构图适用于表现以动作、情节、生活场景为主题的短视频。

2. 分镜头解析

在 Vlog 短视频策划中已经基本确定了需要拍摄的镜头，接下来就需要分别对各分镜头进行拍摄和处理。

（1）掀被子。主要拍摄用手抓起被子并掀开的过程，首先给手部一个特写镜头，紧接着镜头跟随手的动作抓起被子并掀开。拍摄的镜头素材如图 2-30 所示。

图 2-30　掀被子镜头素材

（2）扔手表。该镜头主要拍摄将手表向上抛出，镜头跟随手表下落的过程。拍摄的镜头素材如图 2-31 所示。

图 2-31　扔手表镜头素材

（3）戴手表。该镜头主要接上一个扔手表的镜头，镜头固定不动，将佩戴好手表的部位在镜头前从左至右快速移动，拍摄的镜头素材如图 2-32 所示。在后期进行剪辑时与前一个扔手表的镜头组接在一起，表现出向上抛出手表，手表自动佩戴在手腕上的视觉效果。

（4）拿衣服。该镜头采用固定镜头拍摄，拍摄用手抓起床上的衣服用力砸在身上的过程。拍摄的镜头素材如图 2-33 所示。

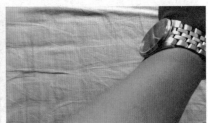

图 2-32　戴手表镜头素材

图 2-33　拿衣服镜头素材

（5）穿衣服。使用固定镜头拍摄已经穿好了黑色的 T 恤并用手在 T 恤上抓住拽一下的过程。拍摄的镜头素材如图 2-34 所示。在后期进行剪辑时与前一个拿衣服的镜头组接在一起，表现出将衣服砸在身上就已经穿好衣服的视觉效果。

图 2-34　穿衣服镜头素材

（6）拿裤子。该镜头拍摄伸手，向前弯腰并抓起地面上的裤子的动作。拍摄的镜头素材如图 2-35 所示。

图 2-35　拿裤子镜头素材

（7）起跳。该镜头是一个俯拍镜头，主要拍摄下蹲、跳起、旋转落地的动作过程。拍摄的镜头素材如图 2-36 所示。

图 2-36　起跳镜头素材

（8）穿好裤子落地。该镜头要和前一个起跳镜头在同一个位置上，再拍摄一次穿好长裤下蹲、跳起、旋转落地的动作过程。拍摄的镜头素材如图 2-37 所示。在后期进行剪辑时与前面拍摄的拿裤子和起跳的镜头组接在一起，表现出拿裤子起跳，在落地的一瞬间就已经穿好裤子的视觉效果。

图 2-37　穿好裤子落地镜头素材

（9）拿鞋子。该镜头拍摄从地面上拿起鞋子，手臂向一侧摇摆约 90 度，再反向摇摆约 90 度，将鞋子砸向一只脚，镜头的拍摄始终跟随着鞋子运动。拍摄的镜头素材如图 2-38 所示。

图 2-38　拿鞋子镜头素材

（10）跺脚穿好鞋子。在与前一个拿鞋子镜头相同的位置上，再拍摄一次穿好鞋子的镜头，在该镜头的拍摄中想象手上拿着鞋子砸向一只脚，镜头始终跟随着手进行运动。拍摄的镜头素材如图 2-39 所示。在后期进行剪辑时与前面拍摄的拿鞋子的镜头组接在一起，表现出拿起鞋子砸向脚的一瞬间就已经穿好鞋子的视觉效果。

图 2-39　穿好鞋子镜头素材

2.3.3　后期制作——生活类 Vlog 短视频的剪辑

1．剪辑视频片段

（1）打开剪映 App，在创作区域中点击"开始创作"图标，如图 2-40 所示。进入选择素材界面，选择刚拍摄的 10 段分镜头视频素材，如图 2-41 所示。

图 2-40　点击"开始创作"图标

图 2-41　选择多个视频素材

小贴士：因为添加到时间轴中的视频素材的顺序是按照所选择的素材的顺序进行排列的，所以当在选择素材界面中选择需要导入的视频素材时，最好按照视频的先后顺序选择各段视频素材，否则在添加到时间轴后，还需要手动调整各段视频素材的排列顺序。

（2）点击"添加"按钮，切换到视频剪辑界面，将所选择的多段视频素材一起添加到时间轴中，如图 2-42 所示。在时间轴区域中，可以通过双指展开操作，放大时间轴轨道，如图 2-43 所示，方便接下来对视频进行精细剪辑操作。

图 2-42　视频剪辑界面

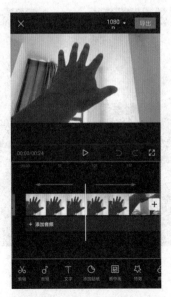

图 2-43　放大时间轴轨道

（3）在时间轴中点击第 1 段视频素材，在其四周显示白色边框，拖动白色边框的右侧，将视频结尾不需要的部分隐藏，如图 2-44 所示。点击第 2 段视频素材，拖动白色边框的左侧，将第 2 段视频素材的前面部分隐藏，如图 2-45 所示。

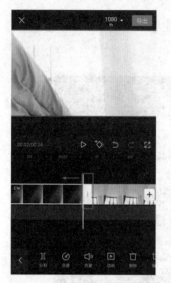

图 2-44　对第 1 段视频进行剪辑　　　　图 2-45　对第 2 段视频进行剪辑（1）

小贴士： 该生活类 Vlog 短视频因为想要表现出快节奏的视觉效果，所以在视频画面进行剪辑过渡时需要干脆、明快。这里在对前两段视频进行剪辑时，想要将被子掀开的一瞬间向上抛出手表，所以对第 1 段视频的结尾和第 2 段视频的开头分别进行了剪辑，从而表现出快速的衔接。

（4）拖动第 2 段视频素材白色边框的右侧，将第 2 段视频素材的后面部分隐藏，保留手表落下的画面，如图 2-46 所示。使用相同的视频剪辑方法，对其他各段视频素材进行相应的剪辑处理，如图 2-47 所示。

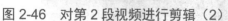

图 2-46　对第 2 段视频进行剪辑（2）　　　图 2-47　对其他段视频素材分别进行剪辑

小贴士： 在对视频素材进行剪辑处理的过程中，重点是要使各段视频素材之间的过渡流畅，尽量不要出现穿帮的现象。

小贴士：使用拖动视频素材左右白色边框的方式可以对视频素材进行剪辑，同样地，也可以通过拖动白色边框将剪辑掉的视频进行部分恢复。

小贴士：在完成时间轴中的视频素材的剪辑处理后，可以点击预览区域中的"播放"图标，反复观察剪辑后的视频整体效果，如果发现有不满意的地方，就需要对其进行细致的修整。

2. 音乐的添加与编辑

（1）在完成时间轴中的视频素材的剪辑处理后，接下来需要为视频添加音乐。在滑动时间轴区域，将时间指示器移至视频起始位置，点击底部工具栏中的"音频"图标，显示"音频"的二级工具栏，如图2-48所示。点击二级工具栏中的"音乐"图标，进入音乐库界面，如图2-49所示，为用户提供了丰富的音乐类型的分类。

（2）可以选择不同的音乐分类，这里点击"VLOG"分类，显示该分类的音乐列表，如图2-50所示。用户只要点击相应的音乐名称，就可以试听该音乐效果，如图2-51所示。

图2-48　"音频"二级　　图2-49　音乐库界面　　图2-50　"VLOG"分　　图2-51　试听音乐
　　　　工具栏　　　　　　　　　　　　　　　　　　　　类的音乐列表

小贴士：在遇到喜欢的音乐时，用户只要点击该音乐右侧的"收藏"图标，就可以将该音乐加入"我的收藏"选项卡中，便于下次能够快速找到该音乐。

（3）点击"使用"按钮，返回视频剪辑界面，将选择的音乐添加到时间轴中，如图2-52所示。点击时间轴中的音乐，滑动时间轴区域，将时间指示器调整到合适的位置，点击底部工具栏中的"分割"图标，分割音频素材，如图2-53所示。

（4）选择分割后的第2段音频素材，将时间指示器调整到合适的位置，点击底部工具栏中的"分割"图标，分割音频素材，如图2-54所示。选择分割得到的中间段的音频素材，点击底部工具栏中的"删除"图标，将其删除，如图2-55所示。

（5）取消音频素材的选中状态，手指按住后面一段音频素材不放并向左拖动，调整其位置使其与前一段音频相连接，如图 2-56 所示。点击后面一段音频素材，拖动白色边框的右侧，将该段音频素材的长度调整为与视频长度相同，如图 2-57 所示。

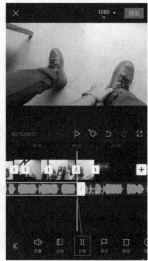

图 2-52　添加音频素材　　　　　　　图 2-53　分割音频素材（1）

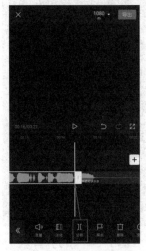

图 2-54　分割音频素材　　图 2-55　删除音频素材　　图 2-56　移动音频素材　　图 2-57　裁剪音频素材
　　　　　（2）　　　　　　　　　　　　　　　　　　　　　　　位置

3．设置视频封面和片尾

（1）在完成视频音乐的添加后，接下来开始制作视频封面。滑动时间轴区域，将时间指示器移至视频起始位置，点击"设置封面"图标，在界面下方显示封面设置的相关选项，如图 2-58 所示。可以选择视频的其中一帧画面作为封面图片，也可以从手机相册中选择其他图片作为封面图片。这里选择视频的第 1 帧画面作为封面图片。

（2）点击"添加文字"按钮，自动进入标题文字输入状态，输入标题文字，并且可以在"样式"选项卡中对文字的字体、颜色等基础样式进行设置，如图 2-59 所示。选择"气泡"选项卡，在"气泡"选项卡中，选择喜欢的气泡样式，如图 2-60 所示。

图 2-58　显示封面设置的相关选项　　图 2-59　输入封面文字

图 2-60　选择气泡样式

（3）在完成封面的设置后，点击界面右上角的"保存"按钮，保存封面设置并返回视频剪辑界面，如图 2-61 所示。如果需要对封面进行修改，就再次点击"设置封面"图标，进入封面设置界面，点击标题文字，在标题文字的四周会出现 4 个功能图标，分别是"删除""编辑""复制""缩放"，如图 2-62 所示。点击相应的图标，即可对标题文字进行相应的修改。

图 2-61　返回视频剪辑界面

图 2-62　点击标题文字

（4）滑动时间轴区域，将时间指示器移至视频结束位置，在默认情况下，剪映中编辑的短视频在结束时都会自动添加片尾。如果不需要片尾可以点击时间轴中的片尾部分，再点击底部工具栏中的"删除"图标，将其删除，如图 2-63 所示。

（5）如果需要保留默认的片尾，则可以在预览区域中点击"点击编辑文本"的文本框，修改文字内容，如图 2-64 所示。

图 2-63 删除片尾   图 2-64 修改片尾文字

4．导出视频

（1）在完成视频的剪辑处理后，选择界面右上角的"分辨率"选项，可以在弹出的界面中设置导出视频的"分辨率"和"帧率"，如图 2-65 所示。但是在通常情况下，这些都采用默认设置。点击右上角的"导出"按钮，可以对当前视频进行导出处理，如图 2-66 所示。

（2）导出完成后，可以将制作的视频同步分享到抖音短视频和西瓜视频的平台上，如图 2-67 所示。

图 2-65 "分辨率"和"帧率"选项   图 2-66 导出视频   图 2-67 分享到视频平台

> **小贴士**：在剪映 App 中为用户提供了 3 种视频分辨率，其中，480p 的视频分辨为 640px×480px；720p 的视频分辨率为 1280px×720px；1080p 的视频分辨率为 1920px×1080px。目前国内视频平台支持的主流分辨率为 1080p，所以尽量将视频设置为 1080p。
>
> "帧率"选项用于设置视频的帧频率，即每秒钟播放多少帧画面。"帧率"选项为用户提供了 5 种帧频率，在通常情况下，选择默认的 30 即可，表示每秒播放 30 帧画面。

2.4　检查评价

本任务完成了一个生活类 Vlog 短视频的拍摄与制作，为了帮助读者理解 Vlog 短视频的拍摄与制作的方法和技巧，在读者完成本学习情境内容的学习后，需要对其学习效果进行评价。

2.4.1　检查评价点

（1）所拍摄短视频素材的完整性。

（2）能够准确操作短视频拍摄设备。

（3）合理使用稳定设备来辅助短视频的拍摄。

2.4.2　检查控制表

学习情境名称	Vlog 短视频	组　别		评　价　人		
检查检测评价点				评 价 等 级		
				A	B	C
知　识	能够描述 Vlog 短视频的含义及 Vlog 短视频的特点					
	能够说明 Vlog 短视频的制作流程					
	能够列举拍摄短视频的设备及稳定器材					
技　能	拍摄的内容完整，画面清晰可用					
	拍摄的同一场景画面至少有 2 段可用素材					
	能够选择符合主题内容的拍摄场景					
	视频画面衔接流畅					
	熟练地使用剪映 App 进行短视频的编辑制作					
素　养	能够耐心、细致地聆听视频制作需求，准确地记录任务关键点					
	能够与他人进行良好的沟通					
	在团队合作过程中能主动发表自己的观点					
	能够虚心向他人学习并听取他人意见及建议					
	能够细致地观察生活，反映在视频作品中，传递积极向上的正能量					
	能够珍惜时间，高效地完成工作					
	工作结束后，能够将工位整理干净					

2.4.3　作品评价表

评 价 点	作品质量标准	评 价 等 级		
		A	B	C
主 题 内 容	视频内容积极健康、切合主题			
直 观 感 觉	作品内容完整，可以独立、正常、流畅地播放；作品结构清晰；镜头运用合理			
技 术 规 范	视频尺寸规格符合规定的要求			
	视频画面清晰，拍摄主体呈现的效果与实际相符			
	视频作品输出格式符合规定的要求			
镜 头 表 现	视频音乐节奏与主题内容相称			
	音画配合适当			
艺 术 创 新	根据视频内容配合的文字变化新颖、时尚			
	视频整体表现形式有新意			

2.5 巩固扩展

1. 任务

根据本学习情境所讲内容，运用所学知识，读者可以自己用手机拍摄 Vlog 短视频，题材不限，可以是生活中的任何事情，最后使用剪映 App 对短视频进行剪辑处理，制作成一个完整的 Vlog 短视频。

2. 任务要求

（1）时长：90s。

（2）素材数量：不得少于 20 段视频素材。

（3）素材要求：使用固定镜头的拍摄方法，以及不同的构图方式进行视频素材的拍摄。

（4）制作要求：挑选合适、有节奏的音频，并将所有素材进行剪辑，从而制作出完整短视频。

2.6 课后测试

在完成本学习情境内容的学习后，读者可以通过几道课后测试题，检验一下自己对"Vlog 短视频"的学习效果，同时加深对所学知识的理解。

一、选择题

1. 剪映 App 是（　　）短视频平台推出的官方短视频剪辑 App，可用于手机短视频的剪辑制作和发布。

A. 快手　　　　　B. 抖音　　　　　C. 腾讯微视　　　　D. 美拍

2. 在使用手机拍摄短视频时，可以通过辅助设备帮助手机进行短视频的拍摄，以下哪些属于手机短视频拍摄的辅助设备？（　　）（多选）

A. 手持云台　　　B. 自拍杆　　　　C. 外置摄像镜头　　D. 手机存储卡

3. 以下哪些属于目前常用的短视频拍摄设备？（　　）（多选）

A. 手机　　　　　B. 单反相机　　　C. 家用 DV 摄像机　D. 专业级摄像机

二、判断题

1. 目前，只能使用移动端的剪映 App 对拍摄的 Vlog 短视频进行后期的剪辑制作。（　　）

2. 开放式构图是一种在构图时限定主体在画面中所处位置的构图形式，开放式构图强调构图的完整性、均衡性和统一性。（　　）

3. Vlog 是博客的一种全新类型，英文全称为 Video blog 或 Video log，意思是视频记录、视频博客、视频网络日志。（　　）

旅游短视频

短视频作为网络技术与个性化内容融合、创新的产物，一个高质量、高传播的旅游短视频必然要求"技术为要，内容为王"。本学习情境将向读者介绍有关短视频创意的知识，并通过一个旅游短视频的拍摄与后期制作，使读者不仅能够掌握旅游短视频拍摄与制作的方法和技巧，还能够在剪映 App 中制作出属于自己的旅游短视频。

3.1 情境说明

偶尔利用空闲时间出去旅游不仅可以呼吸新鲜空气、听虫鸣鸟叫、看云卷云舒，还可以放松身心、开阔眼界、洗涤心境，对身心健康有一定的帮助。在旅行过程中将途中所见所闻都拍摄或录制下来，制作成一个精美的旅游短视频，保留这份不虚此行的经典回忆。

3.1.1 任务分析——旅游短视频

旅游短视频是目前比较火热的一种短视频类型，常见的旅游主题有探险、拍摄 Vlog、景点讲解和旅行记录等。本任务通过使用手机或数码相机来拍摄旅行过程中的视频片段，并将该视频片段通过剪映 App 进行后期剪辑制作成一个旅行记录短视频。

旅游短视频除了对游行过程中的美景视频片段进行剪辑制作，还需要为短视频制作一个非常炫酷的标题文字和开场镜头，为其增色。在本任务制作的旅游短视频中，首先通过使用剪映 App 中的画中画与混合模式功能，为短视频制作一个具有震撼力的镂空文字开场效果；然后通过"自动识别"功能，自动识别歌曲中的内容并添加字幕，为短视频添加一首欢快的背景音乐，从而记录下欢乐的旅行过程。

图 3-1 所示为本任务所制作的旅游短视频的部分截图。

图 3-1　旅游短视频的部分截图

3.1.2　任务目标——掌握旅游短视频的剪辑与制作

短视频与旅游的结合使人们的旅行习惯也随之悄然改变。出游前，看短视频做攻略；旅游时，拍视频分享经历和经验。

想要完成本任务中旅游短视频的拍摄与后期制作，需要掌握以下知识内容。

- 掌握策划不同类型的短视频的方法。
- 了解短视频内容策划技巧。
- 掌握剪映 App 中的视频剪辑的基础操作。
- 理解景别、拍摄角度与拍摄镜头的运用。
- 了解旅游类短视频的内容策划。

3.2　关键技术

随着用户个性化需求得到满足，观众对内容深度的要求越来越高，短视频内容应用进入成熟期，短视频内容细分化趋向明显，以精益求精的方式形成自己的特色内容。在开始进行旅游短视频的拍摄与后期处理之前，需要先了解有关短视频创意策划的知识，以及剪映 App 中视频剪辑操作的技术知识。

3.2.1　策划不同类型的短视频

目前短视频行业各类选题层出不穷，时尚类、美食类、猎奇类、旅行类等各类选题不胜枚举，下面介绍一些不同类型的短视频的选题策划方案，便于新手入门。

1．幽默喜剧类的短视频

幽默喜剧类的短视频的受众比较广，娱乐搞笑的内容能够引起大多数观众的兴趣，只要不涉及敏感的内容，就会拥有众多移动端、PC 端的观众，其中很火的一个门类是"吐槽"段子类。

"吐槽"段子类的短视频是非常受观众喜欢的一种内容形式，此类短视频通常针对当前热点问题进行"吐槽"，其语言风格犀利、幽默，对很多问题一针见血，深得广大用户喜欢。但是作为内容创作者，即使要"吐槽"，也一定要坚持正能量，不能触犯国家法律。图3-2所示为"吐槽"段子类的短视频截图。

图3-2 "吐槽"段子类的短视频截图（1）

除此之外，"吐槽"的点要狠、准、深。所谓"狠"，就是要对他人的话语或者对某个事件中的薄弱点进行言语比较犀利的"吐槽"，但是要控制好吐槽的尺度，一方面不能太客气，以免吐槽不疼不痒，没有效果；另一方面要保持幽默感。所谓"准"，就是要抓准被"吐槽"的人或事的根本特点，避免对一些无关痛痒的内容进行吐槽。所谓"深"，就是指"吐槽"不仅要为用户带去欢乐，还要揭示较为深刻的道理。这样"吐槽"段子类的短视频才能走得更远。图3-3所示为"吐槽"段子类的短视频截图。

图3-3 "吐槽"段子类的短视频截图（2）

2．生活技巧类的短视频

生活技巧类的短视频和幽默喜剧类的短视频同样有着不小的受众，短短几分钟就能学会一个可以使生活变得便捷的小窍门是广大用户所乐见的。生活技巧类的短视频的基本诉求是实用，在策划这类短视频时要注意以下4点。

1）通俗易懂

生活技巧类的短视频有一个特点，就是将困难的事变简单。比如，一些软件使用类短视频，其目的是教新手用户使用软件。短视频内容一定要通俗易懂，具体体现在话语通俗和步骤详细上，甚至在一些关键的地方要放慢节奏。

2）实用性强

生活技巧类的短视频的题材要贴近生活，并且能为用户带来生活上的便利。如果用户在观看完后没有起到什么作用，那么这样的作品无疑是失败的。所以在制作短视频前，首先要收集、整理、分析数据，了解目标用户在生活上有怎样的困难，然后有针对性地制作短视频以帮助目标用户解决问题。此类短视频的实用性是非常重要的。图3-4所示为生活技巧类的短视频截图。

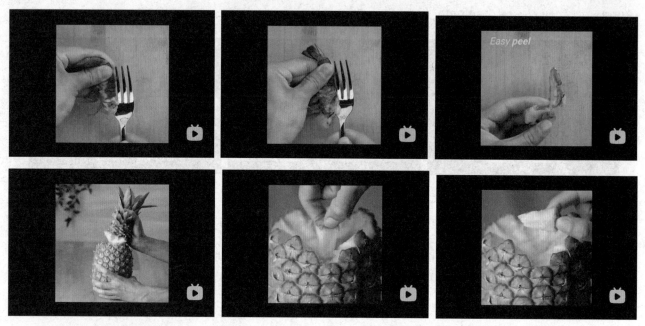

图 3-4　生活技巧类的短视频截图

3）讲解方式有趣

一般来说，生活技巧类的短视频比较枯燥，为了能更好地吸引用户的兴趣，在讲解方式上可以采用夸张的手法表现操作失误所带来的后果。

4）标题新颖、具体

短视频标题的选取十分重要，一个好的标题往往能快速吸引用户的注意，从而使用户产生观看短视频的欲望。因此在标题选取上一定要新颖、具体，比如，"戒指卡住手指怎么办？一招轻松取下"就比"戒指卡住手指取下的方法"好很多；"活了20多年才知道手机插头还有这样的妙用，看完我也试一试"就比"手机插头还能这样用"吸引人；"胶带头难找？那是因为你没学会这3招"就比"如何快速找胶带头"新颖、具体很多。图3-5所示为新颖、突出的生活技巧类的短视频标题。

图 3-5　新颖、突出的生活技巧类的短视频标题

3．美食类的短视频

美食类的短视频在中国受欢迎似乎并不需要什么特别的理由，几千年的美食文化注定了美食类选题一定大有可为，并且能够在长时间内持续产出优质内容，毕竟几千年的积淀，总会有好的题材可以挖掘。

"民以食为天"，美食类选题的受众群体是非常大的。一般来说， 美食类的短视频分为以下4类。

1）美食教程类的短视频

美食教程，简单来说就是教用户一些做饭的技巧。短视频平台中有许多美食教程类的短视频，用户通过短短几分钟的时间就可以收获一道美食的制作方法。虽然是做饭，但是有些美食教程类的短视频非常精致，每一个镜头、每一段文字及音乐都恰到好处，很容易勾起观众的食欲。而且每期短视频的菜品都可以通过用户建议反馈、时令及实时热点来确定。图3-6所示为精美的美食教程类的短视频截图。

图3-6　美食教程类的短视频截图

2）美食品尝类的短视频

与美食教程类的短视频截然不同，美食品尝类的短视频的内容更简单、直接，观众对美食的评价主要来自视频中人物的表情、动作，以及人物对美食味道的感受。品尝美食通常有以下两种类型：一是美食品尝、测评，这类内容像是一个美食指南，帮助用户发现、甄别、选择食物；二是直播吃饭秀，通过比较直接、夸张的肢体动作、表情进行吃饭的表演，给用户打造出一个模拟的真实感或猎奇感。图3-7所示为美食品尝类的短视频截图。

3）美食传递类的短视频

随着现代人生活节奏的加快和压力的不断增大，美食传递类的短视频通过在某种情境中制作美食传达出的某种生活状态成了美食类短视频的一个爆点。在图3-8所示的美食传递类的短视频截图中，不管是温柔娴熟的制作手法，还是温馨浪漫的室内环境，都是经过精心策划的，这时的美食不仅是道菜品，还是忙碌的都市人追求的一种生活状态。

图 3-7　美食品尝类的短视频截图

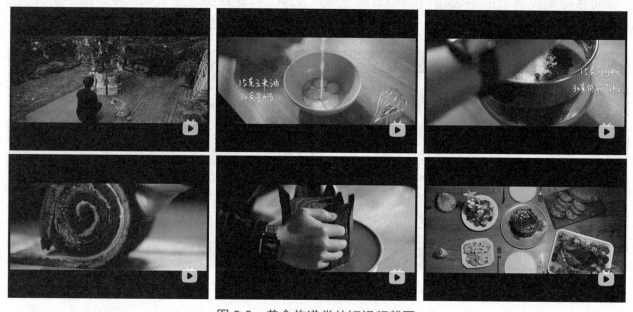

图 3-8　美食传递类的短视频截图

4）娱乐美食类的短视频

短视频内容对大众而言主要是空闲时间的消耗品，所以搞笑、娱乐类的短视频内容很容易吸引用户。因此，很多创作者都是将美食类短视频的内容以搞笑的方式进行创作的。对娱乐美食类的短视频来说，"搞笑+美食"的内容，增加了它的娱乐性、趣味性，更容易获取用户，而且用户群也比较广泛。图 3-9 所示为娱乐美食类的短视频截图。

4．时尚、美妆类的短视频

时尚、美妆类的短视频一直在女性用户群体中非常火爆，甚至也受到部分男性用户的青睐。这些用户选择观看该类短视频就是为了从中学习一些技巧使自己变美，所以在策划这类短视频时不仅要有实用的技巧，还要紧跟时尚潮流。

图 3-9　娱乐美食类的短视频截图

因为每个人对时尚的理解不同，而且时尚领域很复杂，所以在制作短视频前一定要进行大量的前期调研。比如，对于当季流行类的短视频需要对服装饰品的流行元素和常见的品牌有一定的了解。然而对于个人穿搭类的短视频就会简单很多，只需要将自己的穿搭经验分享给用户即可。图 3-10 所示为时尚类的短视频截图。

图 3-10　时尚类的短视频截图

除此之外，美妆类的短视频也深受广大用户的青睐。一般来说，美妆类的短视频可以分为3 种：技巧类、测评类和仿妆类的短视频。图 3-11 所示为美妆类短视频截图。

图 3-11　美妆类的短视频截图

5．科技数码类的短视频

虽然科技数码类的女性受众相对较少，但是仍不失为一类优质选题。首先，数码产品的更新、迭代能为短视频的创作带来源源不断的创作素材和新鲜内容；其次，随着手机等个人数码设备的普及，人们对科技数码产品的兴趣也在逐渐增加。这些意味着科技数码类的短视频会有比较好的市场，而且能持续吸引目标用户群体。

在策划这类短视频时，需要得到第一手的信息，然后进行处理、加工，并传递给受众群体。

不仅如此，在内容策划上还要给用户一个可以参考、比较的东西。比如，在介绍新发布的手机时，如果仅介绍手机的整体外观、性能、工艺等如何优秀，就很难让用户有一个明确的概念；如果将手机和其他同类产品做一个比较，就会清晰很多。图 3-12 所示为科技数码类的短视频截图。

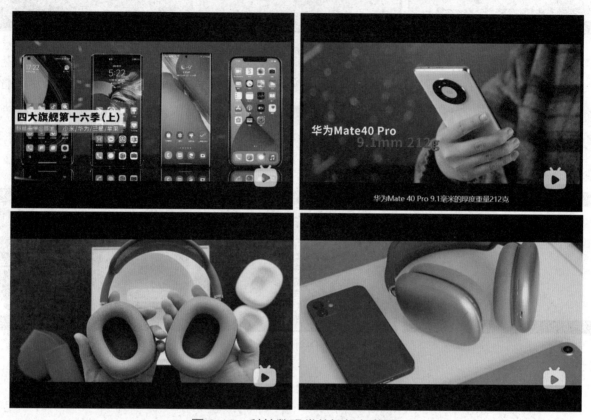

图 3-12　科技数码类的短视频截图

小贴士：《网络短视频平台管理规范》规定，网络短视频平台实行节目内容先审后播制度。平台上播出的所有短视频均应经过内容审核后方可播出，包括节目的标题、简介、弹幕、评论等内容。

3.2.2　短视频内容策划技巧

短视频内容的策划可以将前期复杂、零碎的准备过程转化为具体的实施方案，使短视频团队的每个成员都能清楚地理解自己应该做什么、从什么方面入手，也使得其内容最终呈现得更加完整，从众多的同类短视频中脱颖而出，获得用户的认可。

1. 主题明确、突出

一个短视频的主题不是随随便便就可以确定的，而是要经过短视频团队的精心策划，以免产生定位错误的情况。选择合适的主题，进行精准定位，才能在最大程度上吸引到目标用户的关注。确定短视频的主题主要是通过 3 个方面：市场调研、自身喜好和用户需求，如图 3-13 所示。

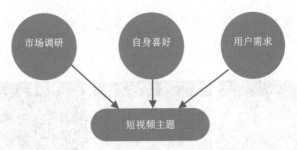

图 3-13 通过 3 个方面确定短视频的主题

2. 策划方案可执行

短视频的方案策划除了需要满足用户的需求,还必须可执行。一个可执行的策划方案才具备意义,否则只是纸上谈兵,没有任何实际的用途。一个短视频策划案的执行性与所持的资金、人员的安排,以及所拥有的资源都是分不开的。只有完全、具体地考虑这些实际的问题,才能做出一个可落地、可执行的方案。图 3-14 所示为可执行的策划方案需要考虑的问题。

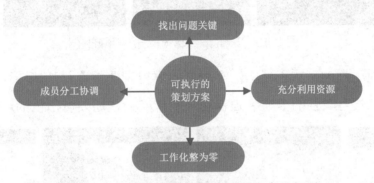

图 3-14 可执行的策划方案需要考虑的问题

3. 快速进入短视频内容的高潮

用户的时间往往是有限的,短视频的长度虽短,但是如果迟迟不能进入内容的高潮,就难以使用户产生看下去的欲望。再好的内容如果不能被看到,也是毫无意义的。为了避免这种情况,创作者应该通过一些技巧,使短视频从开篇起就能快速进入高潮,吸引用户的目光。

对于非剧情类的短视频,创作者应该在短视频的开头就介绍出本期视频的目的,以实现快速引起用户兴趣的目的。为了保证用户能够持续看下去,还可以在开头设置一个悬念,然后通过语言等行为不断加深此悬念,使用户产生好奇心,始终保持着观看的欲望。

图 3-15 所示为某汽车自媒体的短视频截图,每一个短视频都是通过一个用户比较关心的问题引出的,在短视频中先通过可爱的漫画形象展开对该问题的讨论和讲解,再通过标题就能够引起用户的好奇心。

而剧情类的短视频,则需要在故事的开篇就制造一个小高潮,牢牢抓住观众的眼球。故事类的短视频与电影类似,虽然没有电影的技术含量要求高,但是在叙事结构上是类似的。

小贴士: 为了使用户能够快速进入内容的高潮,短视频创作者在剧情结构的安排上需要注意一定的章法。短视频的时长较短,快速地切入关键点可以使剧情更加紧凑,避免叙事结构混乱。短视频的内容被分为人物和故事两大主体，其中，人物决定故事，而故事也会影响到人物。

图 3-15 某汽车自媒体的短视频截图

目前，通过卡通动画的形式表现剧情小故事的短视频非常流行，如图 3-16 所示。这样的短视频不仅需要创作者具有较强的卡通绘画和动画制作能力，还要有出色的剧情。

图 3-16 卡通动画形式的剧情小故事

小贴士：《网络短视频平台管理规范》规定，网络短视频平台应当履行版权保护责任，不得未经授权自行剪切、改编电影、电视剧、网络电影、网络剧等各类广播电视视听作品；不得转发 UGC（个人注册账户）上传的电影、电视剧、网络电影、网络剧等各类广播电视视听作品片段；在未得到 PGC（机构注册账户）机构提供的版权证明的情况下，也不得转发 PGC 机构上传的电影、电视剧、网络电影、网络剧等各类广播电视视听作品片段。

3.2.3 视频拍摄的景别与拍摄角度

在短视频拍摄之前，创作者还需要理解短视频拍摄的一些专业术语和基础理论，这样有助于创作者在视频拍摄过程中更好地表现视频主题，展现出丰富的视频画面效果。

1. 景别

景别是指在焦距一定时，由于拍摄设备与被摄物体的距离不同，从而造成被摄物体在视频画面中所呈现出的范围大小的区别。景别一般分为以下8类。

1）远景

远景一般用来表现远离拍摄设备的环境全貌，展示人物及其周围广阔的空间环境、自然景色，以及群众活动大场面的镜头画面。它相当于从较远的距离观看景物和人物，视野宽广，能包容广大的空间，人物较小，背景占主要地位，画面给人以整体感，但细节部分不是很清晰。

2）大全景

大全景包含整个拍摄主体及周边环境的画面，通常用来作为视频作品的环境介绍。

3）全景

全景用来表现场景的全貌与人物的全身动作，在视频中用于表现人物之间、人与环境之间的关系。全景画面中包含整个人物形貌，既不像远景那样由于细节过小而不能很好地进行观察，又不像中近景画面那样不能展示人物全身的形态动作。全景画面在叙事、抒情和阐述人物与环境的关系等功能上，起到了独特的作用。

4）中景

画面的下边框卡在膝盖左右部位或场景局部的画面被称为"中景"。中景是叙事功能最强的一种景别。在包含对话、动作和情绪交流的场景中，利用中景可以最有利、最兼顾地表现人物之间、人物与周围环境之间的关系。中景的特点决定了它可以更好地表现人物的身份、动作，以及动作的目的。在表现的人物多时，可以清晰地表现出各个人物之间的相互关系。

5）中近景

中近景是指画面底部要到人物腰部往上一点，头顶也要稍留空，因此也被称为"半身"。当创作者想让画面中的演员表现出更多情感时，可以使用中近景。

6）近景

拍到人物胸部以上，或物体局部的画面被称为"近景"。近景的屏幕形象是近距离观察人物的体现，所以近景能看清人物的细微动作，是人物之间进行感情交流的景别。近景着重表现人物的面部表情，传达人物的内心世界，是刻画人物性格最有力的景别。

7）特写

画面的下边框在成人肩部以上的头像或者拍摄对象的其他局部被称为"特写"。特写景别的拍摄对象充满画面，比近景更加接近观众。

因为特写的画面视角最小，视距最近，画面细节最突出，所以最能够表现拍摄对象的线条、质感、色彩等特征。特写会把物体的局部放大，在整个画面中呈现这个单一的物体形态，使观众不得不把视觉集中，近距离仔细观察，从而有利于细致地表现景物。

8）大特写

仅在画框中包含人物面部的局部，或者突出某一拍摄对象的局部被称为"大特写"。一个人的头部充满整个画面的镜头就被称为"特写镜头"；如果把拍摄设备推得更近，仅眼睛就充满整个画面的镜头则被称为"大特写镜头"。大特写和特写的作用是相同的，只不过在艺术效果上大特写更加强烈。

2．拍摄角度

选择不同的拍摄角度就是为了将拍摄对象最有特色、最美好的一面反映出来。当然，不同的拍摄角度肯定会得到不同的视觉效果。

1）平拍

平拍就是将拍摄设备镜头与拍摄主体放在同一水平线上进行拍摄的，是短视频拍摄中用得最多的拍摄角度。因为平拍是最接近人眼视觉习惯的视角，所以拍摄出的画面会给人以身临其境的感觉。平拍不仅可以给人以平静、平稳的视觉感受，还可以让拍摄出来的人物或建筑物不容易产生变形的问题，因此适合用在近景和特写的拍摄题材上。图 3-17 所示为平拍的画面效果。

图 3-17　平拍的画面效果

2）仰拍

在一般情况下，仰拍是拍摄设备处于低于拍摄对象的位置，与水平线形成一定仰角的拍摄手法。这样的拍摄角度能很好地表达景物的高大，比如，拍摄大树、高山、大楼等景物。由于采用的是仰拍，视角具有透视效果，使拍摄的主体形成上窄下宽的透视效果，因此画面就给人以高大、挺拔的感觉。图 3-18 所示为抑拍的画面效果。

图 3-18　抑拍的画面效果

3）俯拍

俯拍是一种拍摄设备位置高于被摄物体，从上向下拍摄的手法。拍摄设备从较高的地方向下拍摄，与水平线形成一定的夹角，该夹角被称为"俯视角"。随着拍摄高度的增加，俯视角（俯视范围）也在变大，拍摄景物的透视感也在不断增强，最终，从理论上说，景物会被压缩至零，从而呈现出平面化的效果。图 3-19 所示为俯拍的画面效果。

图 3-19　俯拍的画面效果

4）倾斜角度

通过倾斜角度进行拍摄能够让画面看起来更加活泼、更具有戏剧性。在采用倾斜角度进行拍摄时，画面中最好不要有水平线，比如，地平线、电线杆等，这些线条会让画面产生严重的失衡感，看起来很不舒服。图 3-20 所示为倾斜角度拍摄的画面效果。

图 3-20　倾斜角度拍摄的画面效果

3.2.4　运动镜头拍摄

运动镜头拍摄主要包括推镜头、拉镜头、摇镜头、移镜头、跟镜头、升降镜头和综合镜头等拍摄方式。

1. 推镜头

推镜头是指移动摄像机或使用可变焦距的镜头由远及近向拍摄主体不断接近的拍摄方式。

推镜头有两种方式：一种是机位推，即摄像机的焦距不变，通过自身的物理运动，越来越靠近拍摄主体的拍摄方式，往往用于描述纵深空间；另一种是变焦推，即在机位不变的情况下，通过镜头做光学运动，即变焦环由广角到长焦的转换，将画面中的拍摄主体放大，常用于展现人物的心理变化过程。当然也可以综合两种方式一起运用，机位推进同时变焦推进。图 3-21 所示为推镜头在短视频拍摄中的应用。

图 3-21　推镜头在短视频拍摄中的应用

2．拉镜头

拉镜头和推镜头正好相反，拉镜头是指摄像机不断远离拍摄主体或者变动焦距（由长焦到广角）由近及远地离开拍摄主体的拍摄方式。

拉镜头也有两种方式：一种是机位拉，即摄像机的焦距不变，通过自身的物理运动，越来越远离拍摄主体的拍摄方式，适合展现开阔的视野场景；另一种是变焦拉，即在机位不变的情况下，通过镜头做光学运动，即变焦环由长焦转换到广角，将画面中的拍摄主体缩小，适用于较小空间关系中人物拍摄、景别处理的变化。

3．摇镜头

摇镜头是指在摄像机的机位不变而改变镜头拍摄的轴线方向的拍摄方式。这是一种类似于人站定不动，只转动头部环顾四周观察事物的拍摄方式。摇镜头可以左右摇、上下摇、斜摇或旋转摇。图 3-22 所示为摇镜头在短视频拍摄中的应用。

图 3-22　摇镜头在短视频拍摄中的应用

4．移镜头

移镜头是指摄像机的机位发生变化，边移动边拍摄的方式。移镜头有多种方式，包括横移，摄像机运动方向与拍摄主体运动方向平行；纵深移，摄像机在拍摄主体运动轴线上同步纵向运动（前距或后跟）；曲线移，摄像机随着拍摄主体的复杂运动而做曲线移动。

5．跟镜头

跟镜头是指摄像机始终跟随着运动的拍摄主体一起运动而进行的拍摄方式。跟镜头的运动方式可以是"摇跟"，也可以是"移跟"。跟镜头拍摄使处于动态中的拍摄主体始终显示在画面中，因此周围环境可能会发生变换，背景也会产生相应的流动感。图 3-23 所示为跟镜头在短视频拍摄中的应用。

图 3-23　跟镜头在短视频拍摄中的应用

6. 升降镜头

升降镜头是指摄像机借助升降设备做上下空间位移的拍摄方式。升降镜头可以从多个视点上表现空间场景，其变化的技巧有垂直升降、弧形升降、斜向升降和不规则升降 4 种类型。图 3-24 所示为升降镜头在短视频拍摄中的应用。

图 3-24　升降镜头在短视频拍摄中的应用

7. 甩镜头

甩镜头是指急速地快摇摄像机镜头的拍摄方式。它是摇镜头拍摄的一种特殊拍摄方式，通常是前一个画面结束后不停机，镜头快速摇转向另一个画面，因拍摄对象发生急剧变化而变得模糊不清，从而迅速改变视点。甩镜头类似于人在观察事物时突然将头转向另一事物，可以强调空间的转换和同一时间内在不同场景中所发生的并列情景。

8. 综合镜头

综合镜头是指在一个镜头内将推、拉、摇、移、跟、升降等多种运动镜头拍摄方式有机地结合起来使用的拍摄方式。

综合镜头大致可以分为 3 种拍摄方式：第一种是"先后"式，即按照运动镜头的先后顺序进行拍摄，如推摇镜头就是先推后摇；第二种是"包含"式，即多种运动镜头拍摄方式同时进行，如边推边摇、边移边拉；第三种是"综合"式，即一个镜头内综合前两种拍摄方式。

3.2.5 剪映 App 中的视频剪辑的基础操作

在使用剪映 App 对短视频进行编辑制作之前，首先需要掌握剪映 App 中各种短视频剪辑的基础操作方法，这样才能做到事半功倍的效果。

1. 导入素材

在进行短视频制作之前，首先需要导入相应的素材，剪映 App 不仅有自带的素材库，还可以导入手机拍摄的视频和图片素材，供用户选择。

打开剪映 App，点击"开始创作"图标，在选择素材界面中选择"素材库"选项卡，在该选项卡中内置了丰富的素材可供选择，如图 3-25 所示。在"素材库"选项卡中点击需要使用的素材，如图 3-26 所示，就可以将该素材下载到用户的手机存储中。在下载完成后，点击界面底部的"添加"按钮，切换到视频剪辑界面，将所选择的视频素材添加到时间轴中，如图 3-27 所示，完成素材库中素材的导入操作。

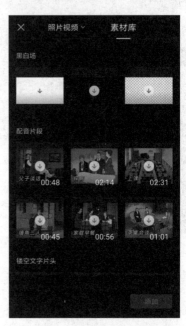

图 3-25　"素材库"选项卡　　图 3-26　选择需要导入的素材　　图 3-27　素材添加到时间轴中（1）

> **小贴士**：因为在"素材库"选项卡中为用户提供的都是视频片段，所以视频素材中的文字并不支持修改。

剪映 App 除了可以导入"素材库"中的视频素材，还可以导入手机中任意的视频或照片素材。在选择素材界面中的"照片视频"选项卡下，选择需要导入的手机存储中的素材，如图 3-28 所示。点击"添加"按钮，切换到视频剪辑界面，将所选择的素材添加到时间轴中，如图 3-29 所示，完成手机中素材的导入操作。

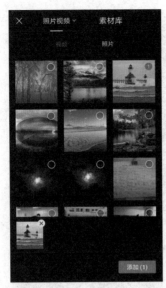

图 3-28　选择本机素材

图 3-29　素材添加到时间轴中（2）

2. 设置视频比例和背景

在剪映 App 中导入视频素材，进入视频编辑界面，在界面底部点击"比例"图标，显示"比例"的二级工具栏，这里为用户提供了 9 种视频比例，如图 3-30 所示。选择相应的比例选项，即可将当前视频的视频比例修改为所选择的视频比例。

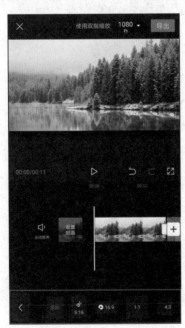

图 3-30　提供了 9 种视频比例

> **小贴士**：视频原始视频比例是由第一个素材的视频比例决定的，例如，选择的第 1 张图片素材的视频比例为 16:9，则创建的视频的视频比例就为 16:9。

在时间轴区域中选择需要调整的素材，在视频预览区域中通过双指捏合的方式，将素材缩小，如图 3-31 所示。在界面底部点击"返回"图标，返回主工具栏中，点击"背景"图标，显示"背景"的二级工具栏，这里为用户提供了 3 种背景方式，如图 3-32 所示。

双指捏合操作，
缩小素材

选择需要调整的
素材

图 3-31　捏合缩小素材

图 3-32　提供了 3 种背景方式

点击"画布颜色"图标，在界面底部显示颜色选择器，可以选择一种纯色作为视频的背景；点击"画布样式"图标，在画布样式中为用户提供了多种不同效果的背景图片，可以选择一张背景图片作为视频的背景；点击"画布模糊"图标，显示 4 种模糊程度供用户选择，点击其中一种，即可使用该糊糊程度对素材进行模糊处理并将其作为视频的背景。

3．粗剪

对素材进行粗剪只需要使用 4 个基础操作，分别是"拖动"操作、"分割"操作、"删除"操作和"排序"操作。

（1）"拖动"操作。进入视频剪辑界面，在时间轴中选中需要剪辑的素材，点击底部工具栏中的"剪辑"图标，当前素材会显示白色的边框，如图 3-33 所示。拖动素材白色边框的左侧或右侧，即可对该视频素材进行删除或恢复操作，如图 3-34 所示。

（2）"分割"操作。如果视频素材的中间某一部分不想要，可以将时间指示器移至视频相应的位置，点击底部工具栏中的"剪辑"图标，显示"剪辑"的二级工具栏，点击"分割"图标，即可在时间指示器位置，将视频片段分割为两段视频，如图 3-35 所示。将时间指示器移至视频合适的位置，再次点击底部工具栏中的"分割"图标，将视频片段分割为 3 段，如图 3-36 所示。

（3）"删除"操作。在时间轴中选择不需要的视频片段，点击底部工具栏中的"剪辑"图标，显示"剪辑"的二级工具栏，点击"删除"图标，即可将选择的视频片段删除，如图 3-37 所示。

（4）"排序"操作。在时间轴中选中并长按素材不放，时间轴中所有素材会变成小方块，可以通过拖动方块的方式调整视频片段的顺序，如图 3-38 所示。通过对时间轴中的素材进行排序操作，将素材按照脚本顺序排列，这样一来，视频的粗剪工作就基本完成了。

图 3-33　点击"剪辑"　　图 3-34　进行删除或　　图 3-35　分割视频　　图 3-36　分割视频
　　　　图标　　　　　　　　恢复操作　　　　　　　片段（1）　　　　　　片段（2）

图 3-37　删除不需要的视频片段　　　　　　　图 3-38　调整视频片段顺序

4．精剪

在视频剪辑界面的时间轴区域中，通过两指展开的操作，放大时间轴轨道，如图 3-39 所示，然后就可以对时间轴中的素材进行精细剪辑了。

剪映 App 支持的最高剪辑精度为 4 帧画面，4 帧画面的精度已经足够满足大多数的视频剪辑的需求。因此，在剪映 App 中，低于 4 帧画面的视频片段是无法进行分割操作的，如图 3-40 所示；等于或高于 4 帧画面的视频片段才可以进行分割操作。

小贴士：需要注意的是，在时间轴中选择视频素材，通过拖动该视频素材首尾的白色边框剪辑视频的操作方法，可以实现逐帧剪辑。

低于 4 帧画面的视频片段无法进行分割

图 3-39　放大时间轴轨道　　　　　　　图 3-40　无法进行分割操作的视频

3.3　任务实施

扫一扫

在了解了短视频策划的相关知识及剪映 App 中视频剪辑的基础操作之后，接下来就进入任务的实施阶段。在该阶段主要分为以下三大步骤。

（1）前期准备，学习旅游短视频内容策划的相关知识。

（2）中期拍摄，学习通过不同的运动镜头拍摄方式拍摄旅游视频素材。

（3）后期制作，讲解如何在剪映 App 中制作短视频的镂空文字开场，最终完成旅游短视频的剪辑制作。

3.3.1　前期准备——旅游短视频内容策划

现如今，"说走就走的旅行"已经成为深入年轻人心底的生活方式。下面为读者介绍 7 种目前比较受用户欢迎的旅游短视频的内容形式，希望能给读者带来启发。

1．颜值"大片"，内容时长：15s～30s

专业化团队与高清设备的拍摄，可以保证优质的画面与视觉效果，提升用户观看体验；将目的地的秀美风光、地标建筑、文物古迹等囊括其中，有针对性地打造视觉盛宴，吸引眼球。

2．惊艳风光混剪，内容时长：15s～30s

针对目的地内独有的视觉文化、风光美景进行素材混剪，抓取令人眼前一亮的黄金瞬间，以高光短片段的形式，瞬间抓住用户注意力，引发用户好奇心，突出内容亮点，提高完整播放率与重复播放率。

3．人文音乐录影带，内容时长：20s～40s

以目的地的人文、景观为落脚点，通过人文风光的音乐录影带短片，结合故事感的文案，实现情景相融使用户产生代入感，再现目的地风貌特色，吸引粉丝打卡。

4．艺术念白，内容时长：20s～40s

通过温和的旁白叙述，结合当地的文化底蕴，进行富有深度的旅游解析，搭配容易引人入"景"的高契合度音乐与走心文案，打造情感层面的共鸣体验，让千篇一律的风景产生独一无二和"景"上添花的良好效果。

5．当地打卡，内容时长：30s～60s

通过美食推荐、探店测评、盘点合集、食材人文情怀探索等形式，推广、宣传目的地的吃、住、行、玩、购等特色，让粉丝产生收藏的想法与线下观光打卡的欲望，有效地提升了视频的吸引力与粉丝的留存率。

6．旅游攻略资讯，内容时长：30s～60s

基于不同年龄段、不同兴趣圈层的目标人群，有针对性地输出攻略路线玩法，一条龙式覆盖吃、玩、住、行、游等内容；针对用户行程中普遍存在的痛点需求，输出高信息密度的轻知识资讯，既能满足浏览型用户在家云旅游的心理需求，又能满足出行型用户攻略信息的需求。

7．旅行Vlog，内容时长：30s～60s

邀请表现能力强的当地居民或者知名度高的优质达人，进行深度体验式输出，即通过他们的视角观察目的地不同层面，传递不同层次的价值观念，展示目的地风貌的别样解读，区别于大众视角，给予用户强烈代入感的新鲜体验。

3.3.2 中期拍摄——旅游视频素材拍摄

旅途中的自然风景、建筑物、人物和风俗都是亮丽的风景线，在游玩的过程中拍摄一些相关视频或照片，可以方便后期旅游短视频的制作。

本任务制作的是一个旅游记录类的短视频，可以随意拍摄记录一些旅行中的风景，在视频素材的拍摄过程中需要注意对镜头的应用。

图3-41所示的视频素材主要采用了固定镜头拍摄，即在摄像机的位置不动、镜头光轴方向不变、镜头焦距长度不变的情况下进行拍摄。

图3-41 采用固定镜头拍摄的视频素材

图3-42所示的视频素材主要采用了移镜头的运动镜头拍摄方式，镜头从右向左进行平移拍摄，表现出海滩风景的全貌。

图3-43所示的视频素材主要采用了上升镜头的拍摄方式，从仰视角度进行拍摄，镜头向上逐渐移动拍摄，表现出椰树的高大与阳光的明媚。

图 3-42　采用移镜头拍摄的视频素材

图 3-43　采用上升镜头仰视拍摄的视频素材

不同的旅游视频素材应用了不同的运动镜头拍摄方式进行拍摄，通过不同的运动镜头拍摄方式可以使拍摄主体的镜头表现更加丰富。

3.3.3　后期制作——旅游短视频的剪辑与制作

1．制作旅游短视频标题文字

（1）打开剪映 App，在创作区域中点击"开始创作"图标，如图 3-44 所示。进入选择素材界面，在"素材库"选项卡中，点击下载"黑白场"选区中的"黑幕"素材，在完成下载后，选择该素材，如图 3-45 所示。

图 3-44　点击"开始创作"图标

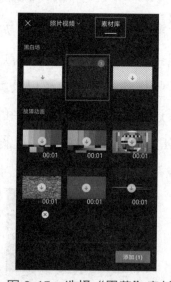

图 3-45　选择"黑幕"素材

（2）点击界面右下角的"添加"按钮，将选择的"黑幕"素材添加到时间轴中，如图 3-46 所示。点击界面底部的"文字"图标，显示"文字"的二级工具栏，点击"新建文本"图标，输入旅游短视频的标题文字，如图 3-47 所示。

（3）在界面下方为所输入的文字选择一种合适的字体，并且在预览区域中将标题文字适当放大，如图 3-48 所示。点击"对号"图标完成文字的输入和设置，并自动在时间轴中添加文字轨道，如图 3-49 所示。

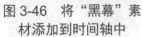

图 3-46 将"黑幕"素材添加到时间轴中

图 3-47 输入标题文字

图 3-48 设置字体并将文字放大

图 3-49 自动添加文字轨道

（4）选择视频轨道中默认的"片尾"素材，点击界面底部工具栏中的"删除"图标，如图 3-50 所示，将其删除。选择界面右上角的"分辨率"选项，在弹出的界面中可以设置所要导出视频的"分辨率"和"帧率"，如图 3-51 所示。

（5）点击界面右上角的"导出"按钮，将刚制作的旅游短视频的标题导出为一个视频文件，显示完成视频导出界面，如图 3-52 所示。点击"完成"按钮，完成视频的导出操作，并切换到剪映 App 的"剪辑"界面中，在"剪辑草稿"选项卡中可以看到刚导出的文字标题视频素材，如图 3-53 所示。

图 3-50 删除"片尾"素材

图 3-51 设置分辨率和帧率

图 3-52 完成视频导出界面

图 3-53 得到文字标题视频素材

2．将标题文字处理为镂空文字效果

（1）在剪映 App 的视频剪辑界面中点击"开始创作"图标，进入选择素材界面，同时选择

多段需要使用的旅游视频素材，如图 3-54 所示。点击界面右下角的"添加"按钮，按顺序将选择的多段视频素材添加到时间轴中，如图 3-55 所示。

（2）点击界面底部工具栏中的"画中画"图标，显示"画中画"的二级工具栏，点击"新增画中画"图标，在选择素材界面中选择制作好的标题文字视频素材，如图 3-56 所示。点击"添加"按钮，切换到视频剪辑界面，将所选择的标题文字视频素材添加到主轨道的下方，如图 3-57 所示。

图 3-54 选择多段视频素材

图 3-55 将多段素材添加到时间轴

图 3-56 选择标题文字视频素材

图 3-57 添加画中画

小贴士：画中画是一种视频内容呈现方式，在剪映 App 中最多支持 6 个画中画，也就是 1 个主轨道和 6 个画中画轨道，总共可以同时播放 7 个视频。

（3）在预览区域中通过两指展开的操作，将文字素材放大到与视频素材相同，如图 3-58 所示。选择时间轴中的标题文字视频素材，在界面底部的工具栏中点击"混合模式"图标，在界面底部弹出"混合模式"窗口，点击"正片叠底"图标，如图 3-59 所示，就可以在预览区域中看到该模式的效果。点击"对号"图标，应用该混合模式的设置。

图 3-58 选择标题文字视频素材

图 3-59 点击"正片叠底"图标

3. 制作标题文字的分屏开场

（1）根据短视频的制作需要，可以在预览区域中将标题文字视频素材进行适当放大，如图 3-60 所示。点击底部工具栏中的"蒙版"图标，在界面底部弹出"蒙版"界面，点击"线性"图标，如图 3-61 所示。

图 3-60　将标题文字视频素材适当放大

图 3-61　点击"线性"图标

（2）在预览区域中通过两指旋转的操作，可以调整线性蒙版的角度，如图 3-62 所示。点击界面右下角的"对号"图标，确认应用线性蒙版。选择时间轴中的标题文字视频素材，点击界面底部工具栏中的"复制"图标，对该视频素材进行复制，如图 3-63 所示。

（3）在时间轴区域中将复制得到的文字素材拖至原文字素材的下方，并将两个文字素材对齐，如图 3-64 所示。选择下方轨道中的文字素材，点击界面底部工具栏中的"蒙版"图标，在预览区域中通过两指旋转的操作，调整该文字素材的线性蒙版的角度，如图 3-65 所示，从而表现出完整的镂空文字。

图 3-62　调整线性蒙版　　图 3-63　复制标题文字　　图 3-64　叠放对齐文字　　图 3-65　调整线性蒙版
的角度　　　　　　　　　　视频素材　　　　　　　素材　　　　　　　　　角度

（4）完成蒙版的调整。选择上方轨道中的文字素材，点击界面底部工具栏中的"动画"图标，在二级工具栏中点击"出场动画"图标，如图 3-66 所示。在界面底部弹出"出场动画"窗口，选择"向左滑动"选项，如图 3-67 所示。点击"对号"图标，应用该出场动画效果。

（5）选择下方轨道中的文字素材，点击界面底部工具栏中的"动画"图标，在其二级工具栏中先点击"出场动画"图标，再选择"向右滑动"选项，如图 3-68 所示，最后点击"对号"图标，应用该出场动画效果。如果想要取消时间轴中素材的选择，则点击界面底部工具栏中的"返回"图标，返回主时间轴编辑状态即可，如图 3-69 所示。

  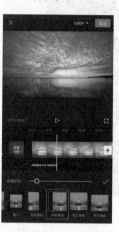 

图 3-66 点击"出场动画"图标 　图 3-67 点击"向左滑动"动画 　图 3-68 点击"向右滑动"动画 　图 3-69 返回主时间轴编辑状态

4. 添加背景音乐并剪辑视频素材

（1）点击底部工具栏中的"音频"图标，再点击"音频"二级工具栏中的"音乐"图标，进入"添加音乐"界面，如图 3-70 所示。在界面中点击"旅行"分类，进入该分类的音乐列表，点击音乐名称就可以试听音乐，选择合适的音乐，如图 3-71 所示。点击"使用"按钮，将所选择的音乐添加到时间轴中，如图 3-72 所示。

图 3-70 "添加音乐"界面 　　图 3-71 选择合适的音乐 　　图 3-72 将音乐添加到时间轴中

（2）拖动音频轨道中所添加的背景音乐，将其调整到画中画开屏显示完成的位置，如图 3-73 所示。选择视频轨道中的第 1 段视频素材，拖动其白色边框的右侧，对第 1 段视频素材进行裁剪，如图 3-74 所示。

（3）选择视频轨道中的第 2 段视频素材，点击界面底部工具栏中的"变速"图标，在其二级工具栏中点击"常规变速"图标，如图 3-75 所示。在界面底部显示"常规变速"选项，将速度调整为原视频素材的 1.5 倍，如图 3-76 所示。点击界面右下角的"对号"图标，完成该视频素材的调整。

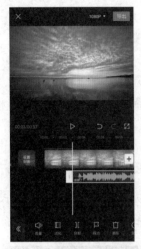
图 3-73　调整背景音乐的起始位置

图 3-74　裁剪第 1 段视频素材

图 3-75　点击"常规变速"图标

图 3-76　调整视频素材的速度

（4）使用相同的操作方法，分别对视频轨道中的其他视频素材进行速度调整，如图 3-77 所示。选择视频轨道最后默认的"片尾"素材，点击界面底部工具栏中的"删除"图标，如图 3-78 所示，将其删除。

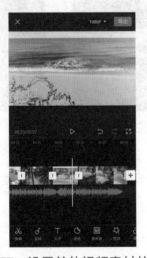
图 3-77　设置其他视频素材的速度

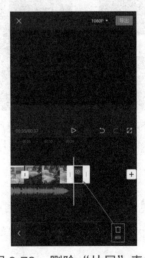
图 3-78　删除"片尾"素材

小贴士：在完成背景音乐的添加后，观察背景音乐的时长与视频轨道中视频素材的时长是否相等，如果不等，就尽量将视频轨道中的视频素材的时长调整到与背景音乐的时长相等。这里分别将第 3 段和第 4 段视频素材的速度设置为 1.5 倍，将第 5 段视频素材的速度设置为 1.2 倍。当然也可以通过对视频素材进行裁剪的方法进行调整，从而使视频轨道中的所有视频素材的时长与背景音乐的时长差不多。

5. 添加转场效果

（1）点击视频轨道中第1段与第2段视频素材之间的白色方块图标，在界面底部显示转场选项，如图3-79所示。切换到"特效转场"选项卡中，选择"快门"图标，再点击界面左下角的"应用到全部"图标，如图3-80所示，将选择的"快门"转场效果应用到视频轨道的所有视频素材之间。

> **小贴士**：在视频轨道的多个视频素材之间可以应用不同的转场效果，也可以应用相同的转场效果。如果需要应用相同的转场效果，只需要在选择转场效果后，点击界面左下角的"应用到全部"选项，即可将所选择的转场效果同时应用到视频轨道的所有视频素材之间。

（2）点击界面右下角的"对号"图标，完成视频轨道的所有视频素材之间转场效果的添加，如图3-81所示。点击视频轨道左侧的"设置封面"图标，进入封面设置界面，如图3-82所示，选择视频轨道的第1帧作为该短视频的封面，点击"保存"按钮，完成短视频封面的设置。

图3-79　显示转场选项　　图3-80　应用"快门"　　图3-81　完成转场设置　　图3-82　封面设置界面
转场

> **小贴士**：在封面设置界面中，可以通过左右滑动时间轴来选择视频轨道中任意一帧画面作为短视频的封面图片，也可以从手机相册中选择其他图片作为短视频的封面图片。另外，还可以点击"添加文字"按钮，为短视频封面添加文字。

6. 自动识别歌词

（1）返回主工具栏中，点击"文字"图标，在其二级工具栏中点击"识别歌词"图标，在弹出的"识别歌词"对话框中点击"开始识别"按钮，如图3-83所示。在完成歌词的识别后，自动添加相应的文字轨道，如图3-84所示。

（2）选择文字轨道，点击底部工具栏中的"样式"选项卡，在"样式"选项卡中选择一种文字样式，如图3-85所示。点击"对号"图标，应用所选文字样式。在预览界面中调整歌词文本的位置并适当放大，如图 3-86 所示。

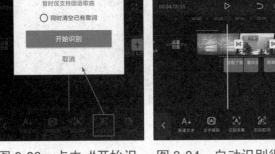

图 3-83 点击"开始识别"按钮　　图 3-84 自动识别得到歌词文本　　图 3-85 选择文字样式　　图 3-86 将歌词文本适当放大

7. 导出视频

（1）点击"设置封面"左侧的"关闭原声"图标，将视频轨道中的所有视频素材的原声关闭，如图 3-87 所示。选择界面右上角的"分辨率"选项，在弹出的选项中可以设置所要导出视频的"分辨率"和"帧率"，如图 3-88 所示。

（2）点击界面右上角的"导出"按钮，将制作完成的旅游短视频进行导出处理，如图 3-89 所示。在导出完成后，可以将所制作的短视频同步分享到抖音和西瓜视频的平台上，如图 3-90 所示。

图 3-87 关闭视频素材原声　　图 3-88 设置导出视频的分辨率和帧率　　图 3-89 显示视频导出进度　　图 3-90 完成视频导出界面

（3）在完成本任务的旅游短视频的剪辑制作后，预览该旅游短视频的效果，如图 3-91 所示。

图 3-91　预览旅游短视频的效果

3.4　检查评价

本任务完成了一个旅游短视频的拍摄与制作，为了帮助读者理解短视频策划的相关知识，以及旅游短视频的拍摄、制作方法，在读者完成本学习情境内容的学习后，需要对其学习效果进行评价。

3.4.1　检查评价点

（1）所拍摄短视频素材的完整性。

（2）在视频素材的拍摄过程中，能够合理运用运动镜头。

（3）能够在剪映 App 中完成视频素材的后期剪辑与制作。

3.4.2　检查控制表

学习情境名称	旅游短视频	组　　别		评　价　人		
检查检测评价点				评　价　等　级		
				A	B	C
知　识	能够正确表述短视频脚本的构成要素					
	能够阐述短视频内容策划的技巧					
	能够详细说明策划不同类型短视频的方法					
	能够正确描述拍摄景别和拍摄角度的特点					
技　能	能够拍摄受欢迎的各种内容形式的旅游短视频					
	视频画面衔接流畅					
	熟练地使用剪映 App 制作旅游短视频					
	能够使用关键帧实现不同的特效转场功能					
	能够使用蒙版实现不同的画面样式及转场					

续表

学习情境名称	旅游短视频	组　别		评 价 人		
检查检测评价点				评价等级		
				A	B	C
素　养	能够耐心、细致地聆听视频制作需求，准确地记录任务关键点					
	树立良好的团队意识、安全意识					
	能够尊重旅游当地的风土人情及地域文化					
	通过置身于大自然，提升自身的环境美、文化美					
	能够在拍摄过程中，感受祖国山河壮丽，体会民族自豪感					
	工作结束后，能够将工位整理干净					

3.4.3　作品评价表

评 价 点	作品质量标准	评 价 等 级		
		A	B	C
主题内容	视频内容积极健康、切合主题			
直观感觉	作品内容完整，可以独立、正常、流畅地播放；作品结构清晰；镜头运用合理			
技术规范	视频尺寸规格符合规定的要求			
	视频画面清晰，拍摄主体呈现的效果与实际相符			
	视频作品输出格式符合规定的要求			
镜头表现	视频音乐节奏与主题内容相称			
	音画配合适当			
艺术创新	根据视频内容配合的文字变化新颖、时尚			
	视频整体表现形式有新意			

3.5　巩固扩展

1. 任务

根据本学习情境所讲内容，运用所学知识，读者可以自己使用手机或数码相机拍摄旅游过程中的视频素材，题材不限，最终使用剪映App对短视频进行剪辑处理，并为短视频制作开场标题文字，完成一个完整的旅游短视频的制作。

2. 任务要求

（1）时长：1min左右。

（2）素材数量：不得少于5段视频素材。

（3）素材要求：使用不同的运动镜头拍摄方式进行视频素材的拍摄。

（4）制作要求：为短视频制作一个炫酷的标题文字开场，以及完整的短视频效果。

3.6 课后测试

在完成本学习情境内容的学习后，读者可以通过几道课后测试题，检验一下自己对"旅游短视频"的学习效果，同时加深对所学知识的理解。

一、选择题

1. （   ）相当于短视频的主线，用于表现故事脉络的整体方向。

A. 创意　　　　　B. 创作　　　　　C. 脚本　　　　　D. 内容

2. 通过以下哪几个方面可以确定短视频的主题？（   ）（多选）

A. 市场调研　　　B. 用户需求　　　C. 素材内容　　　D. 自身喜好

3. 剪映 App 支持的最高剪辑精度为（   ）画面，低于（   ）画面的视频片段是无法进行分割操作的。

A. 1 帧　　　　　B. 3 帧　　　　　C. 4 帧　　　　　D. 5 帧

二、判断题

1. 主题是短视频要表达的中心思想，即"想要向观众传递什么信息"。每个短视频都有主题，而素材是支撑主题的支柱。只有具备了支柱，主题才能撑起来，短视频才能更具有说服力。（   ）

2. 剪映 App 中的"素材库"为用户提供了多种内置的视频素材，并且所有视频素材中的文字内容都支持修改。（   ）

3. 景别是指由于拍摄设备与被摄物体的距离不同，因此被摄物体在视频画面中会呈现出范围大小的区别。（   ）

生活短视频

对拍摄的视频片段进行剪辑处理是短视频后期创作过程中非常重要的环节,在短视频剪辑处理过程中可以进行视频片段的剪辑,为短视频添加音乐、字幕、特效等,使其表现出完整的艺术性和观赏性。本学习情境将向读者介绍在短视频制作中声音处理和特效应用的相关知识,并且通过一个生活短视频的拍摄与后期制作,使读者不仅能够掌握生活短视频的拍摄和后期制作的方法,还能够动手制作出属于自己的卡点音乐生活短视频。

4.1 情境说明

短视频并非只是简简单单地"呈现",也并非只是"记录",它更是一种"分享",一种"共同经历"。无论在物质层面上,还是在精神层面上,短视频都是美好生活的展示载体,也在塑造着人们的生活。本任务通过短视频的形式记录和分享美好的生活。

4.1.1 任务分析——生活短视频

短视频内容主要围绕人们身边生活化的日常小事,记录生活经历并分享。本任务通过制作一个生活短视频,将一天的生活行程进行拍摄和后期剪辑,再搭配动听的背景音乐,将视频与音乐相结合,制作成卡点音乐短视频,使生活中的各个视频片段跟随着音乐节奏的变化而变化,使生活短视频整体表现更富有节奏感和韵律感。

卡点音乐短视频在短视频平台中非常流行,在剪映 App 中不仅可以对音乐进行自动踩点或手动踩点,极大地方便了卡点音乐视频的制作,还内置了丰富的转场和特效,将卡点音乐与转场效果相结合,使短视频表现出强烈的节奏感。

图 4-1 所示为本任务所制作的生活短视频的部分截图。

图 4-1　生活短视频的部分截图

4.1.2　任务目标——掌握生活短视频的剪辑与制作

短视频提供了一个观众的视角，让用户拥有了一双会复述的"眼睛"，追寻自己的美好生活。用户之所以会对他人"在路上"的视频感兴趣，除了能跟着镜头见识沿途的风景、让心灵抵达身体暂时无法抵达的远方，还能让用户思考当下，提醒自己别让重复的日常消磨了对生活的热情；用户之所以会留意他人的生活诀窍、每日好物、精彩瞬间，除了这些事物本身的实用性和美好，还能通过这些让用户去发现自己以前未曾注意的美丽，去过好自己的每一天。

在短视频剪辑过程中，有一个非常重要的概念，就是节奏感，即使大到电影，小到音乐录影带，甚至只是一段几分钟的短视频，只要有一段富有节奏感能跟随音乐变换的画面，就能够迅速抓住观众的眼球。

想要完成本任务中生活短视频的拍摄与后期制作，需要掌握以下知识内容。

- 了解声画关系。
- 了解短视频中声音的特性和类型。
- 了解声音的录制和剪辑方式。
- 了解如何为短视频选择合适的背景音乐。
- 掌握在剪映 App 中为视频素材添加滤镜和特效的方法。
- 掌握在剪映 App 中 5 种插入音频的方法。
- 掌握在剪映 App 中对音频进行剪辑操作。
- 了解视频素材的基本拍摄要求。

4.2 关键技术

在进行短视频拍摄时，需要明确短视频表达的主题和想要传达的情绪，只有先弄清楚情绪的整体基调，才能进一步对短视频中的人、事、画面进行音乐的筛选。在进行生活短视频的拍摄与后期处理之前，首先需要了解在短视频制作过程中声音处理的相关知识，以及在剪映 App 中为视频素材添加滤镜和特效的方法。

4.2.1 了解声画关系

画面和声音都具有各自独特的作用，都是短视频创作中不可或缺的艺术造型手段。其中，画面是短视频作品叙事的基础，声音可以补充画面，两者有机组合，扬长避短，成就了"1+1>2"的视听表现力。一般来说，声音与画面的组合关系主要有声画同步、声画分立和声画对立 3 种。

1. 声画同步

声画同步又被称为"声画合一"，是指将短视频作品中的声音和画面进行严格匹配，在情绪和节奏上相一致，在听觉形象和画面视觉形象上相统一，即画面中的形象和它所发出的声音同时出现又同时消失，两者吻合一致。这是最常见的一种声画关系。发声体的可见性和声音的可听性，使声画营造的时空环境更加真实。短视频作品中绝大多数的声音和画面都是同步的，比如，画面上两人在对话，同时就听到他们的对话声；画面有汽车驶来，同时就听到汽车声。发声体动作停止，声音也就消失。声画同步加强了画面的真实感，进一步深化了视觉形象，强化了画面内容的表现。

2．声画分立

声画分立又被称为"声画分离"，是指画面中的声音和画面形象不同步、不相吻合、互相分离的蒙太奇技巧。声画分离意味着声音和画面具有相对的独立性。由于声音和发声体不是在同一画面中出现的，而是以画外音的形式出现的，因此可以有效地发挥声音的主观化作用，起到提示人物心理活动、衔接画面、转换时空的作用。

有许多短视频作品的音乐都是与画面分离的，属于画外配乐。画外音乐常常具有比较强的主观色彩，因而画外音乐的运用越来越广泛。创作者可以通过应用音乐音响，赋予短视频更多、更深刻的内涵，使短视频更具有感染力和冲击力。

3．声画对立

声画对立又被称为"声画对位"，是指画面中的声音和画面形象分别表达不同的内容，各自独立而又相互作用，通过对立双方的反衬作用，使声音与画面在情绪、情感上产生强烈的反差，从而达到震撼人心的艺术效果，表现出更为深刻的思想意义。在声画对立中，声音可以是语言，也可以是音乐，用户通过联想产生对比、比喻、象征等效果。

随着短视频的发展，画面形象与声音形象越来越不可分割。画面形象借助声音形象会使画面更加传神、逼真，声音形象又依托画面形象的直观感受而具有感染力和震撼力。将画面和声音有机地融为一体，创造出更加真实、生动、精彩的银幕形象，给用户带来丰富的视听享受。

4.2.2　短视频中的声音处理

声音是短视频中的听觉元素，极大地丰富了短视频的内涵并增强了短视频的表现力和感染力。声音元素具有传达信息、刻画人物、塑造形象、参与叙事、烘托环境氛围等作用，可以使短视频的视觉空间得到延伸，形成丰富的时空结构与更加复杂的语言形式。

1．声音的特性

根据感觉可以分析出声音中的若干特性，这些特性具体如下。

1）音量

人们之所以能够感觉到声音，是因为空气的振动。振动的幅度使人们产生了音量感。短视频经常在音量上做文章，例如，拍摄说话柔声细气的人和说话粗声大气的人之间的对话。

音量能够传达速度感，例如，声音的音量越大，速度越快，听众就越感到紧张。当然音量也会受到接收距离的影响，例如，音量越大，听众就会觉得声源越近。

2）音高

音高的感觉是由声音的振动频率决定的。

3）音色

一个声音中的各种成分使其具有特殊色彩或品质，这就是被音乐家们称为音色的东西。所谓某个人说话鼻音重，或者某种乐音清亮，都指的是音色。各种乐器可以通过音色进行区别。

作为声音的基本成分，音量、音高和音色常常结合在一起，构成短视频中的声音。这 3 种因素结合在一起，大大丰富了用户对短视频的体验。

2．短视频声音的类型

在现实生活中，声音可以分为人声、自然音响和音乐。短视频作品的创作源于生活，因此短视频中声音的类型也有 3 种：人声、音响和音乐。这 3 种声音的类型功能各异，人声以表意和传递信息为主，音响以表现真实为主，音乐以表达情感为主。在短视频作品中，它们虽然形态不同，但是相互联系、相互融合，共同构筑起完整的短视频声音空间。

1）人声

人声作为一种人物语言，是人们自我表达和交流思想感情的主要工具。人声的音调、音色、力度、节奏等元素的综合运用，有助于塑造人物的性格、形象。

短视频作品中的人声又被称为"语言"，包括短视频中的对白、旁白、独白、解说等，它与镜头画面的有机结合能起到叙述内容、揭示主题、表达情感、刻画人物性格、扩充画面信息量、展开故事情节等作用。

2）音响

音响也被称为"效果声"，是短视频作品中除了人声和音乐的所有声音的统称。它包括短视频中所出现的自然界的和人造环境中的一切声音，有时还包括作为背景音响出现的人声和音乐。在短视频中，各种音响以其各自不同的特性构成特殊的听觉形象，具有增添生活气息、烘托环境、渲染气氛、推动情节发展、创造节奏的功能，增强了短视频的艺术效果。短视频中的音响可以是自然的，也可以是人工模拟的。

3）音乐

短视频音乐是指专门为短视频作品创作的音乐，或者选用现有的音乐进行编配的音乐。

短视频音乐不同于独立形式的音乐，从其音乐的结构、音效形态、表现手段等方面来看，其具有自身的艺术特征。短视频音乐是短视频作品的重要组成部分。

3．声音的录制与剪辑方式

由于声音的录制方式不同，因此声音的剪辑方式也不相同。

1）先期录音

先期录音的声音大多数都是比较完整的音乐或唱段，所以这种声音的剪辑是在短视频拍摄完成后，按照音乐的长短进行的。

2）同期录音

同期录音的声音与视频画面是一致的、对应的，所以这种声音的剪辑应该是声音与视频画面同时进行的。

3）后期配音

后期配音通常是在短视频基本剪辑处理完成后进行的。

4.2.3 为短视频选择合适的背景音乐

通过长期的观察可以发现，播放量高的那些短视频配乐或背景音乐都是与作品本身的内容、形式相关联的。选择与视频内容关联性强的音乐有助于带动用户的情绪，提高用户对短视频的体验感。

1. 根据账号定位，选择符合短视频内容基调的音乐

如果创作的是搞笑类的短视频，则选择的音乐不能太抒情；如果创作的是情感类的短视频，则选择的音乐要舒缓一些。

不同的音乐带给用户的情感体验差异很大，因此需要根据账号定位，即先明确短视频要表达的内容，再选择与短视频内容属性相符的音乐。

2. 把握短视频节点，灵活调整音乐节奏

刚入门的短视频创作者或许还不知道，镜头切换的频次与音乐节奏一般是呈正比的。如果短视频中长镜头较多，则适合使用节奏缓慢的音乐；如果多个镜头的画面是快速切换的，则适合使用节奏较快的音乐。这就是所谓的根据视频节点调整短视频的配乐，使视频内容与音乐更加契合。

3. 不会选择音乐时，就选择轻音乐

轻音乐的特点是：包容度高、情感色彩相对较淡，对视频的兼容度高，不会轻易出现视频与音乐不符的情况。

根据上述为短视频选择音乐的 3 个技巧，下面以常见的美食类、时尚类和旅行类的短视频为例，分别分析短视频配乐的技巧。

观看短视频较多的人应该知道，美食类的短视频大多数还是以精致为目标，通常以"治愈"的名义来赢得用户的关注。这类短视频就适合选择一些听起来让人觉得有幸福感或悠闲感的音乐，例如，纯音乐，以及舒缓温情的中、英文歌都可以。温馨幸福的音乐，能让用户像享用美食一样感受到愉悦，从而提升用户的体验感。图 4-2 所示为美食类的短视频。

时尚类的短视频的主要用户群体是年轻人，因此充满时尚气息的音乐就是符合年轻人喜好的音乐，包括流行、摇滚等属性的音乐。具有时尚气息的音乐能为短视频提升潮流气息，让用户产生年轻的活力感。图 4-3 所示为时尚类的短视频。

图 4-2　美食类的短视频

图 4-3　时尚类的短视频

　　旅行类的短视频就很明确了，其视频内容都是世界各地的景、物、人等。这类短视频就适合搭配比较大气、清冷的音乐。其中，大气的音乐能让用户在看短视频时产生放松的感觉；清冷类的音乐与轻音乐一样，包容性较强。音符时而舒缓，时而澎湃是提升剪辑质量的一大帮手，能够将旅行的"格调"充分显示出来。图 4-4 所示为旅行类的短视频。

图 4-4　旅行类的短视频

当然，短视频的分类不止以上 3 种类型，要想为短视频搭配出合适的音乐，就一定要掌握短视频的内容基调，根据短视频的内容风格，搭配合适的音乐。

> **小贴士：**《网络短视频平台管理规范》要求，网络短视频平台应当建立"违法违规上传账户名单库"。一周内三次以上上传含有违法违规内容节目的 UGC 账户，以及上传重大违法内容节目的 UGC 账户，平台应当将其身份信息、头像、账户名称等信息纳入"违法违规上传账户名单库"。

4.2.4 在剪映 App 中为视频素材添加滤镜和特效

添加合适的滤镜和特效可以为所创作的短视频作品带来一种出色的美感。同一段视频素材添加不同的滤镜或特效可能会产生不同的视觉效果。下面介绍在剪映 App 中为素材添加滤镜和特效。

1. 添加滤镜

打开剪映 App，添加相应的视频素材，点击底部工具栏中的"滤镜"图标，在界面底部显示相应的滤镜选项，如图 4-5 所示。

剪映 App 提供了多种不同类型的滤镜，点击任意一个滤镜图标即可在预览区域中查看应用该滤镜的效果，并且可以通过滑块调整滤镜效果的强弱，如图 4-6 所示。点击"对号"图标，切换到视频剪辑界面，将在时间轴中自动添加滤镜轨道，如图 4-7 所示。

图 4-5　显示滤镜选项　　　　图 4-6　预览应用滤镜　　　　图 4-7　自动添加滤镜轨道

在时间轴区域内拖动滤镜白色边框的左右两端，可以调整该滤镜的应用范围，如图 4-8 所示。

在剪映 App 中支持为创作的短视频同时添加多个滤镜，在空白处点击，不要选择任何对象，点击底部工具栏中的"新增滤镜"图标，即可为短视频添加第 2 个滤镜，如图 4-9 所示。

如果需要删除某个滤镜，只需在时间轴中选择需要删除的滤镜轨道，点击底部工具栏中的

"删除"图标，如图4-10所示，即可将选中的滤镜删除。

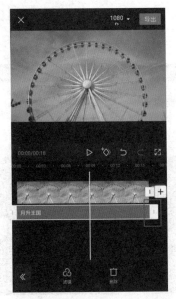
图4-8　调整滤镜范围

图4-9　添加第2个滤镜

图4-10　删除滤镜

小贴士：通常会在以下两种情形下使用滤镜：（1）回忆片段，通过为回忆片段添加滤镜，能很好地与其他视频素材区别出来；（2）存在瑕疵的视频素材，通过添加滤镜能很好地掩盖视频中的瑕疵。

2. 添加特效

使用剪映App中所提供的特效库，可以轻松地在短视频中实现很多炫酷的短视频特效。

打开剪映App，添加相应的视频素材，点击底部工具栏中的"特效"图标，切换到特效应用界面。剪映App内置了"基础""梦幻""动感""复古""Bling""光影""纹理""漫画""分屏""自然""边框"11种分类特效，如图4-11所示。

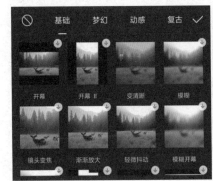
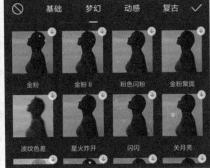
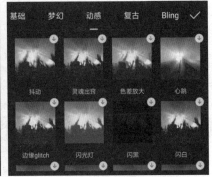
图4-11　内置的不同分类特效

点击相应的特效图标，即可在预览区域中看到应用该特效的效果，例如，点击"自然"分类中的"大雪纷飞"图标，如图4-12所示，即可在预览区域中查看应用"大雪纷飞"特效的效果。

点击"对号"图标，切换到视频剪辑界面，在时间轴中自动添加特效轨道，如图4-13所示。与添加滤镜相同，在时间轴区域内拖动特效白色边框的左右两端，可以调整该特效的应用范围，如图 4-14 所示。

同样地，在剪映 App 中支持为创作的短视频同时添加多个特效，在空白处点击，不要选择任何对象，点击底部工具栏中的"新增特效"图标，即可为短视频添加第 2 个特效，如图 4-15 所示。

图 4-12 点击"大雪纷　图 4-13 自动添加特　图 4-14 调整特效范围　图 4-15 添加第 2 个
飞"特效　　　　效轨道　　　　　　　　　　　　　　特效

图 4-16 特效的工具栏　图 4-17 作用对象选项

在时间轴中选择特效轨道，在底部工具栏中为用户提供了相应的特效工具，如图 4-16 所示。点击"替换特效"图标，可以对当前轨道中的特效进行替换；点击"复制"图标，可以复制当前选择的特效轨道；点击"作用对象"图标，可以在弹出的选择中选择当前轨道中的特效需要作用的对象，如图 4-17 所示，可以是主视频，也可以是其他轨道素材；点击"删除"图标，可以将选中的特效删除。

> **小贴士**：特效在视频中的大量应用使大众对很多视频特效产生了审美疲劳，所以在短视频的创作过程中，重点是视频的内容，而不是花哨的特效。

4.2.5　在剪映 App 中 5 种插入音频的方法

在剪映 App 中为用户提供了多种为视频素材添加音频的方法，下面分别进行介绍。

1. 使用音乐库中的音乐

在将素材添加到时间轴后，点击底部工具栏中的"音频"图标，显示"音频"的二级工具栏，如图 4-18 所示。点击二级工具栏中的"音乐"图标，显示音乐库界面，该界面为用户提供了丰富的音乐类型，如图 4-19 所示。

在音乐库界面的下方还为用户推荐了一些音乐，用户只需要点击相应的音乐名称，即可试听该音乐，如图 4-20 所示。

当遇到喜欢的音乐时，用户只需要点击该音乐右侧的"收藏"图标，即可将该音乐加入"我的收藏"选项卡中，如图 4-21 所示，便于下次能够快速找到该音乐。

图 4-18　显示"音频"二级工具栏

图 4-19　音乐库界面

图 4-20　点击音乐名称试听

图 4-21　"我的收藏"选项卡

"抖音收藏"选项卡中显示的是用户同步在抖音音乐库中所收藏的音乐，如图 4-22 所示。

在"导入音乐"选项卡中包含了 3 种导入音乐的方式，这里先介绍链接下载的方式，点击"链接下载"图标，在文本框中粘贴抖音或其他平台分享的音频/音乐链接，如图 4-23 所示。

> **小贴士**：使用外部音乐需要注意音乐的版权保护，增强自身的版权意识，可重点学习《中华人民共和国著作权法》。

图 4-22　"抖音收藏"选项卡

图 4-23　链接下载的方式

2．提取音乐

点击"提取音乐"图标，再点击"去提取视频中的音乐"按钮，如图 4-24 所示。在显示的界面中选择需要提取音乐的视频，如图 4-25 所示。点击界面底部的"仅导入视频的声音"按钮，即可将选中的视频中的音乐提取出来。

> **小贴士**：在视频剪辑界面底部的主工具栏中还包含"提取音乐"和"抖音收藏"图标，这两种获取音乐的方式与之前介绍的点击音乐库界面中的"抖音收藏"选项卡，以及点击"导入音乐"选项卡中的"提取音乐"图标获取音乐的方式是完全相同的。

3．使用本地音乐

点击"本地音乐"图标，在界面中会显示当前手机存储的本地音乐文件列表，如图 4-26 所示。

4．添加内置音效

为短视频选择合适的音效能够有效提升视频的效果。在视频剪辑界面中，点击界面底部工具栏中的"音效"图标，在界面底部会弹出音效选择列表，包含了剪映 App 中内置的种类繁多的各种音效，如图 4-27 所示。音效的添加方法与音乐的添加方法基本相同，点击需要使用的音效名称，会自动下载并播放该音效，点击音效右侧的"使用"按钮，如图 4-28 所示，即可使用该音效。音效会自动添加到时间轴中并位于当前所编辑的视频素材的下方，如图 4-29 所示。

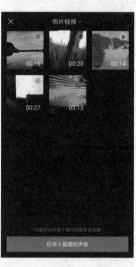

图 4-24　提取音乐的　　图 4-25　选择需要提取　图 4-26　本地音乐文件列表　图 4-27　音效选择
　　　　方式　　　　　　　　音乐的视频　　　　　　　　　　　　　　　　　　列表

5．录音

点击界面底部工具栏中的"录音"图标，在界面底部显示"录音"图标，如图 4-30 所示。按住红色圆形图标不放，即可进行录音操作，如图 4-31 所示，松开手指完成录音操作，点击右下角的"对号"图标，录音会自动添加到时间轴中并位于当前所编辑的视频素材的下方，如图 4-32 所示。

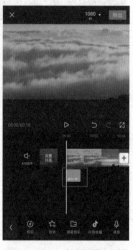

图 4-28　下载并使用　　图 4-29　音效添加到　　图 4-30　显示"录音"　图 4-31　进行录音操作
　　　　音效　　　　　　　　时间轴　　　　　　　　　图标

4.2.6　如何在剪映 App 中对音频进行剪辑操作

在视频剪辑界面中为视频素材添加音频后，就可以对添加的音频进行剪辑操作了。

在时间轴中点击需要剪辑的音频，在界面底部工具栏中会显示针对音频编辑的工具图标，如图 4-33 所示。具体介绍如下。

点击底部工具栏中的"音量"图标，在界面底部显示音量设置选项，音量默认为 100%，最高支持两倍音量，如图 4-34 所示。

点击底部工具栏中的"淡化"图标，在界面底部显示淡化设置选项，包括"淡入时长"和"淡出时长"两个选项，如图 4-35 所示。淡化是音频编辑中常用的功能，通常为音频设置淡入和淡出设置，使音频的开始和结束不会很突兀。

图 4-32　录音添加到时间轴

> **小贴士**：当在一段音乐中截取一部分作为视频的音频素材时，截取部分的开始可能很突然，结尾也是戛然而止的，这样的音频素材就可以通过淡化设置，使音频实现淡入、淡出的效果。

点击底部工具栏中的"分割"图标，可以在当前位置将选择的音频分割为两部分，如图 4-36 所示。

| 图 4-33　显示音频编辑图标 | 图 4-34　显示音量设置选项 | 图 4-35　显示淡化设置选项 | 图 4-36　分割音频 |

点击底部工具栏中的"踩点"图标，在界面底部显示踩点的相关设置选项，如图 4-37 所示，点击"添加点"按钮，可以在相应的音乐位置添加点。

点击底部工具栏中的"变速"图标，在界面底部显示音频变速的设置选项，如图 4-38 所示，可以加快或放慢音频的速度。

点击底部工具栏中的"复制"图标，可以对当前选中的音频素材进行复制操作。

点击底部工具栏中的"删除"图标，可以将选中的音频素材删除。

图 4-37　显示踩点设置选项　　　　　　图 4-38　显示变速设置选项

4.3　任务实施

在了解了短视频中声音处理的相关知识及剪映 App 中如何为视频素材添加滤镜和特效之后，接下来进入任务的实施阶段。在该阶段主要分为以下三大步骤。

（1）前期准备，学习生活短视频内容策划的相关知识。

（2）中期拍摄，了解视频素材拍摄基本要求，通过不同的镜头拍摄生活视频素材。

（3）后期制作，讲解如何在剪映 App 中制作卡点音乐生活短视频，并为短视频制作标题文字动画，最终完成生活短视频的剪辑制作。

4.3.1　前期准备——生活短视频内容策划

生活短视频通常以"第一人称"的形式记录拍摄者在生活中所发生的事情，这类视频主要以时间、地点、事件为录制顺序，录制时间比较长，一般需要几个小时甚至十几个小时，通常会记录下整件事情的所有经过，通过讲述的形式对视频展开讲解。

在后期剪辑时，面对巨大的素材量需要遵循减法原则的剪辑思路，即在现有视频的基础上尽量删除没有意义的片段，同时保证短视频整体的故事性。

生活短视频包含的细分类型有很多，例如，生活好物分享、探店分享、生活娱乐探索、生活随拍等。

生活类短视频的内容应该通俗易懂，是大多数甚至是所有的用户在观看后都能够理解清楚的内容，而不是在观看后一脸茫然的内容。生活短视频的讲解方式要有趣，能让用户在解决实际问题的同时获得乐趣，不会感到枯燥无味，甚至产生厌恶情绪。

另外，生活类的短视频要新颖，能够引起广大用户的兴趣，吸引用户的眼球，让用户不由自主地点进去观看，从而引爆用户的点击量，因此有一个新颖的标题就成功了一半。

本任务制作的是一个生活随拍的短视频,通过卡点音乐的形式展现一天中的生活随拍视频片段,通过富有节奏感的音乐与视频片段相结合,使生活随拍短视频的表现效果更富有节奏感。

小贴士:卡点音乐短视频通常比较简短,不太注重短视频的故事情节,容易上手,同时卡点音乐短视频又比较容易带来视觉上的感官刺激,非常适合多段视频素材的剪辑。

4.3.2　中期拍摄——视频素材拍摄要求与生活视频素材拍摄

本任务制作的是一个生活短视频,主要以视频的方式记录和分享生活中的点点滴滴,在进行视频素材的拍摄之前,需要了解视频素材拍摄的基本要求。

1. 视频素材拍摄的基本要求

为了确保获得优质的画面,在拍摄短视频时必须掌握以下5点最基本的拍摄要求。

1)画面要平

画面的地平线要保持水平,这是正常画面的基本要求。如果水平线不平,画面表现的对象就会出现倾斜,使观众容易产生某种错觉,严重时还会影响观看效果。

保证画面水平的方法:在进行拍摄时使用具有水平仪的三脚架,调整三脚架三只脚的位置或云台的位置,使水平仪内的水银泡正好处于中心位置,此时画面水平;如果以地平线为参考或拍摄方向发生了改变,这时就要以与地面垂直的物体做参照,如建筑物的垂直线条、树木、门框等,使其垂直线与画框纵边平行,就能使画面呈现出水平感觉。

2)画面要稳

镜头晃动或画面不稳,不仅会使观众产生一种情绪不安的心理,而且容易造成视觉疲劳。因此,在拍摄时要尽量保持镜头稳定,消除任何不必要的晃动。

保证画面稳定的方法:尽可能使用三脚架拍摄固定镜头;在边走边拍时,为减轻震动,双膝应该略微弯曲,脚与地面平行移动;在手持拍摄时使用广角镜头进行拍摄,可以提高画面的稳定性;推拉镜头与横移镜头最好在轨道车、摇臂上进行拍摄。

3)摄速要匀

摄像机镜头运动的速度要保持均匀,保证节奏的连续性,切忌时快时慢、断断续续。

保证镜头运动匀速的方法:使用三脚架摇拍镜头,首先要调整好脚架上的云台阻尼,使摄像机转动灵活,然后匀速操作三脚架手柄,使摄像机均匀地摇动。摄像机在进行变焦操作时,自动变焦比手动变焦更容易做到匀速;在推拉镜头与移动镜头时,要控制移动工具匀速运动。

4)摄像要准

通过一定的画面构图准确地向观众表达出创作者所要阐述的内容,这就要求保证拍摄对象、范围、起幅落幅、镜头运动、景深运用、色彩呈现、焦点变化等都要准确。

保证画面准确的方法:领会编导的创作意图,明确拍摄内容和拍摄对象;勤练习,掌握拍摄技巧。例如,运动镜头中的起幅、落幅要准确,镜头运动在开始时静止的画面点及在结束时静止的画面点都要准确到位，时间够长，起、落幅画面的时间一般要有 5s 以上，这样才能方便后期编辑的镜头组接；对于有前后景的画面，有时要求把焦点对准在前景物体，有时又要求把焦点对准在后景物体，可以利用"变焦点"调动观众的视点变化；对于色彩呈现，可以通过调整白平衡使色彩准确还原。

5）画面要清

拍摄的画面要清晰，最主要是保证拍摄主体的清晰。模糊不清的画面会影响观众的观看情绪。

保证画面清晰的方法：拍摄前要注意保持摄像机镜头的清洁，拍摄时要保证聚焦准确。为了获得聚焦准确的画面，可以采用长焦聚焦法，即无论主体远近，都要先把镜头推到焦距最长的位置，调整聚焦环使主体清晰，因为这时的景深短，调出的焦点准确，再拉到所需的合适的焦距位置进行拍摄。

当被摄物体沿纵深运动时，为了保证物体始终清晰，有 3 种方法：一是随着被摄物体的移动相应地不断调整镜头聚焦；二是按照加大景深的办法做一些调整，如加大物距、缩短焦距、减小光圈；三是采用跟镜头拍摄，始终保持摄像机和拍摄主体之间的距离不变。

2. 生活短视频素材拍摄

本任务制作的是生活短视频，先对日常生活中一天的行程进行随机拍摄，获得多段视频素材，再选择合适的视频素材进行短视频的制作。在视频素材的拍摄过程中需要注意对镜头的应用。

图 4-39 所示为本任务拍摄的生活短视频素材截图，基本上涵盖了日常生活中的衣、食、住、行、城市风光、娱乐消遣等常见的生活场景。

图 4-39　拍摄的生活短视频素材截图

4.3.3 后期制作——生活短视频的剪辑与制作

1. 添加音乐并自动踩点

（1）打开剪映 App，点击"开始创作"图标，在选择素材界面中选择第 1 段需要添加的视频素材，如图 4-40 所示。点击"添加"按钮，将选择的第 1 段视频素材添加到时间轴中，如图 4-41 所示。

（2）点击界面底部工具栏中的"音频"图标，显示"音频"的二级工具栏，点击二级工具栏中的"音乐"图标，进入"添加音乐"界面，如图 4-42 所示。选择"我的收藏"选项卡，在"我的收藏"选项卡中，选择需要的卡点音乐，这里已经提前将需要使用的卡点音乐加入了收藏中，如图 4-43 所示。

 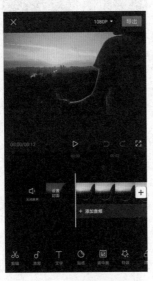  

| 图 4-40　选择视频素材 | 图 4-41　将视频素材添加到时间轴中 | 图 4-42　"添加音乐"界面 | 图 4-43　选择需要的卡点音乐 |

> **小贴士**：剪映 App 支持使用音乐库中自带的音乐也可以使用外部音乐，但是，只有音乐库中的音乐才可以使用自动踩点功能，所以这里建议创作者使用音乐库的音乐。
>
> 在制作卡点视频时，不一定非要选择"卡点"分类中的音乐，其他分类中也有很多适合踩点的音乐，新手建议选择鼓点明显、节奏缓慢的音乐。

（3）点击"使用"按钮，将需要使用的音乐添加到时间轴的音频轨道中，如图 4-44 所示。点击音频轨道中的音频素材，再点击界面底部工具栏中的"踩点"图标，如图 4-45 所示。

（4）在弹出的选项设置中开启"自动踩点"功能，点击"踩节拍 I"，对音频进行自动踩点，如图 4-46 所示。在完成音频的自动踩点之后，将音频轨道拖至自动踩点的第 1 个节奏点上，点击"删除点"按钮，如图 4-47 所示，将该踩点删除。

> **小贴士**：在完成音乐的自动踩点之后，点击预览区域的"播放"图标，试听自动踩点的节奏点，将不需要的节奏点删除，或者在需要的位置上手动添加踩点。

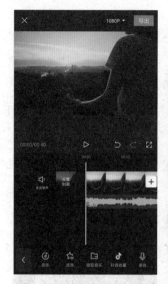
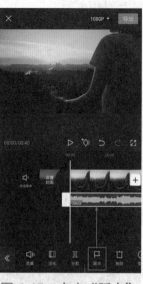
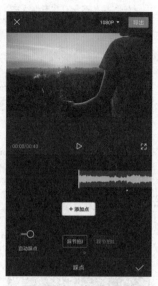
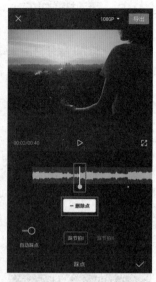

图 4-44　将音乐添加到　　图 4-45　点击"踩点"　　图 4-46　自动踩点　　图 4-47　点击"删除
　　　　　时间轴中　　　　　　　　图标　　　　　　　　　　　　　　　　　　　　　点"按钮

（5）使用相同的操作方法，分别将第 2 个、第 3 个和最后一个节奏点删除，如图 4-48 所示。点击"对号"图标，完成音乐踩点。点击视频轨道右侧的"加号"图标，在选择素材界面中选择需要的其他 13 段视频素材，如图 4-49 所示。

> **小贴士：**在完成音乐的踩点后，就能清楚该段音乐总共需要多少段视频素材，可以根据音乐的踩点数量添加相应的视频素材。例如，在调整后，该段音乐还有 13 个节奏点，也就是说还需要添加 13 段视频素材。

（6）点击"添加"按钮，将选择的多个视频素材添加到时间轴的视频轨道中，如图 4-50 所示。点击视频轨道末端自动添加的"片尾"素材，再点击界面底部工具栏中的"删除"图标，将其删除，如图 4-51 所示。

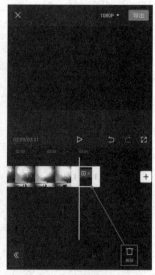

图 4-48　删除不需要　　图 4-49　选择需要导入　　图 4-50　添加多段视频　　图 4-51　删除"片尾"
　　　　　的踩点　　　　　　　　的多个视频素材　　　　　　　　素材　　　　　　　　　　素材

2. 根据音乐踩点剪辑视频素材

（1）下面需要将时间轴中每段视频素材的起始和结尾位置对齐踩点。点击视频轨道中的第1段视频素材，拖动白色边框的右侧进行裁剪，使其右侧与第1个踩点相对齐，如图4-52所示。点击视频轨道中的第2段视频素材，拖动白色边框的右侧进行裁剪，使其右侧与第2个踩点相对齐，如图4-53所示。

（2）选择第3段视频素材，点击界面底部工具栏中的"变速"图标，再点击"常规变速"图标，在弹出的选项设置中将其速度调整为2倍速，如图4-54所示。点击"对号"图标，完成变速设置。选择第3段视频素材，拖动其白色边框的右侧进行裁剪，使其右侧与第3个踩点相对应，如图4-55所示。

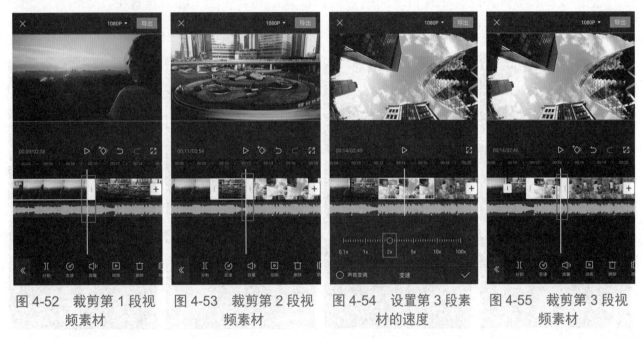

图 4-52　裁剪第1段视频素材　　图 4-53　裁剪第2段视频素材　　图 4-54　设置第3段素材的速度　　图 4-55　裁剪第3段视频素材

（3）使用相同的处理方法，分别对其他段的视频素材进行处理，将其裁剪到与每一个踩点相对齐，如图4-56所示。

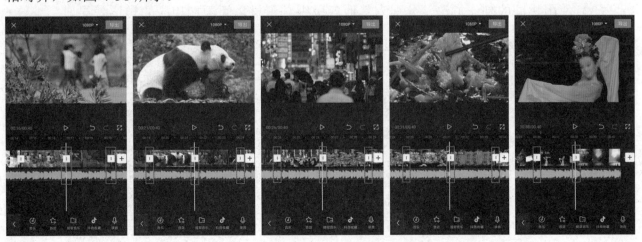

图 4-56　分别裁剪其他各段的视频素材

3．添加转场和特效

（1）选择音频轨道中的音频素材，点击界面底部工具栏中的"淡化"图标，如图 4-57 所示。在界面底部弹出的"淡化"选项设置中，将"淡入时长"选项设置为 8s，"淡出时长"选项设置为 6s，如图 4-58 所示。点击"对号"图标，完成音频素材的淡入、淡出设置。

> **小贴士**：为了避免音乐的突然进入和戛然而止的情况，可以添加"淡化"功能，使音乐在开场部分实现淡入效果，在结尾部分实现淡出效果。

（2）点击视频轨道第 1 段与第 2 段视频素材之间的方块，在弹出的"转场"选项设置中，点击"运镜转场"选项卡的"推近"图标，如图 4-59 所示。点击"对号"图标，应用该转场效果。点击第 2 段与第 3 段视频素材之间的方块，在弹出的"转场"选项设置中，点击"基础转场"选项卡中的"泛白"图标，如图 4-60 所示。点击"对号"图标，应用该转场效果。

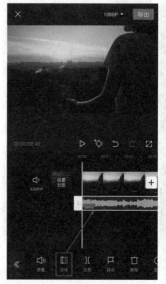   

图 4-57　点击"淡化"　　图 4-58　设置"淡化"　　图 4-59　点击"推进"　　图 4-60　点击"泛白"
　　　　　图标　　　　　　　　　选项　　　　　　　　　转场　　　　　　　　　转场

（3）使用相同的制作方法，分别为其他各段视频素材之间添加相应的转场效果。

> **小贴士**：在本案例的视频轨道上，将视频素材之间的转场效果从左至右依次设置为"推近""泛白""拉远""炫光Ⅲ""色差顺时针""拉远""向下""炫光Ⅱ""漩涡""向左""闪黑""漩涡""推近"。需要注意的是，在为视频素材之间添加转场效果时，会影响视频素材的时长，这时就需要重新对每段视频素材进行裁剪调整。

（4）选择视频轨道中第 1 段视频素材，点击界面底部工具栏中的"动画"图标，显示"动画"的二级工具图标，如图 4-61 所示。点击"入场动画"图标，在界面底部弹出"入场动画"界面，点击"渐显"图标，如图 4-62 所示。点击"对号"图标，完成入场动画设置。

图 4-61　显示"动画"的二级工具图标

图 4-62　点击"渐显"图标

（5）选择视频轨道中最后一段视频素材，点击界面底部工具栏中的"动画"图标，在弹出的二级工具栏中点击"出场动画"图标，然后在界面底部弹出"出场动画"界面，点击"渐隐"图标，如图 4-63 所示。点击"对号"图标，完成出场动画设置。取消时间轨道中对象的选择，点击底部工具栏中的"特效"图标，切换到特效应用界面，如图 4-64 所示。

（6）切换到"动感"选项卡中，点击"X-Signal"图标，如图 4-65 所示。点击"对号"图标，切换到视频剪辑界面，在时间轴中自动添加特效轨道，按住该特效不放并拖动，可以调整该特效的应用范围，如图 4-66 所示。

图 4-63　点击"渐隐"图标

图 4-64　特效应用界面

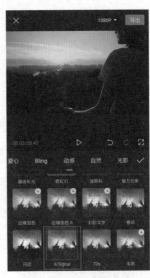
图 4-65　点击"X-Signal"图标

图 4-66　调整特效的应用范围

（7）在时间轴区域进行左右滑动，将时间指示器调整到合适的位置，点击界面底部的"新增特效"图标，如图 4-67 所示。在"动感"选项卡中点击"视频分割"图标，如图 4-68 所示。点击"对号"图标，应用该特效。

（8）点击刚添加的"视频分割"特效，拖动特效白色边框的左右两端，可以调整该特效的时长，如图 4-69 所示。使用相同的操作方法，在不同的位置添加不同的特效，丰富视频画面的表现效果，如图 4-70 所示。

图 4-67　点击"新增特效"图标　　图 4-68　点击"视频分割"图标　　图 4-69　调整特效的时长　　图 4-70　完成其他特效的添加

4．制作标题文字动画

（1）不要选择时间轨道中的任何对象，点击底部工具栏中的"文字"图标，在弹出的二级工具栏中点击"新建文本"图标，如图 4-71 所示。在预览区域中输入标题文字，如图 4-72 所示。

（2）在"样式"选项卡中为标题文字选择一种手写字体，并且在预览区域中将标题文字调整到合适的大小和位置，如图 4-73 所示。切换到"动画"选项卡中，点击"渐显"图标，为标题文字应用"渐显"入场动画，如图 4-74 所示。

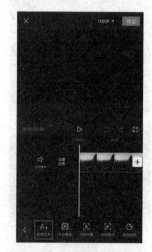

图 4-71　点击"新建文本"图标　　图 4-72　输入标题文字　　图 4-73　选择字体并调整　　图 4-74　应用"渐显"入场动画

（3）切换到"出场动画"中，选择"打字机Ⅱ"选项，为标题文字应用"打字机Ⅱ"出场动画；如图 4-75 所示。拖动下方的滑块，将入场动画和出场动画的时长均调整为 1s，如图 4-76 所示。

（4）点击"对号"图标，完成标题文字的设置。在时间轴区域中进行左右滑动，将时间指示器移至文字即将消失的位置，如图 4-77 所示。取消文字轨道的选中状态，返回主工具栏中，点击"画中画"图标，在弹出的二级工具栏中点击"新增画中画"图标，在选择素材界面中选择粒子消散的视频素材，点击"添加"按钮，如图 4-78 所示。

   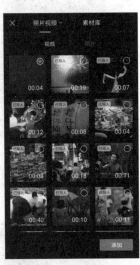

图 4-75　应用"打字机 II"出场动画　　图 4-76　调整入场和出场动画的时长　　图 4-77　调整时间指示器位置　　图 4-78　选择粒子消散视频素材

（5）将粒子消散视频素材添加到时间轴中，在预览区域放大该画中画素材，使其完全覆盖预览区域，并且在时间轴区域拖动调整画中画素材的覆盖范围，如图 4-79 所示。点击底部工具栏中的"混合模式"图标，在弹出的二级工具栏中点击"滤色"图标，如图 4-80 所示。点击"对号"图标，应用混合模式设置。

（6）在完成该短视频的效果后，点击界面右上角的"导出"按钮，弹出短视频导出进度的界面，如图 4-81 所示。在短视频导出完成后可以选择是否将所制作的短视频同步到抖音和西瓜短视频平台，如图 4-82 所示。

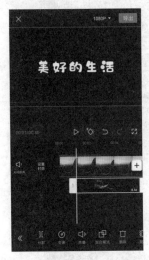 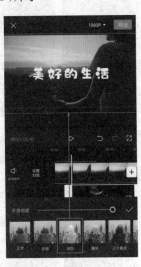  

图 4-79　调整画中画素材大小和覆盖范围　　图 4-80　点击"滤色"图标　　图 4-81　短视频导出进度界面　　图 4-82　短视频导出完成界面

（7）在完成本任务生活短视频的剪辑制作后，预览该生活短视频的最终效果如图 4-83 所示。

图 4-83 预览生活短视频的最终效果

4.4 检查评价

本任务完成了一个生活短视频的拍摄与制作，为了帮助读者理解生活短视频拍摄、制作的方法和技巧，在读者完成本学习情境内容的学习后，需要对其学习效果进行评价。

4.4.1 检查评价点

（1）所拍摄短视频素材的完整性。

（2）能够准确完成卡点音乐短视频的制作。

（3）合理的为短视频素材添加转场和特效。

4.4.2 检查控制表

学习情境名称	生活短视频	组 别		评 价 人		
检查检测评价点				评 价 等 级		
				A	B	C
知 识	能够明确地说明声音与画面的组合关系					
	能够准确地描述短视频中声音的特性和类型					
	能够区别不同录音设备录制声音的效果					
技 能	拍摄的内容完整，视频画面具有一定的创意表现					
	视频画面衔接流畅，设有一定的美感转场					
	熟练地使用剪映 App 进行短视频的编辑制作					
	根据音乐节奏准确地将视频画面进行卡点					
素 养	能够专注于任务且目标明确、全身心地投入工作中					
	能够虚心向他人学习并听取他人意见及建议					
	能够借助资料进行准确、规范、高效地制作，并且能够根据项目情况及时改进					
	能够细致地观察生活，并反映在视频作品中，传递积极向上的正能量					
	能够珍惜时间，高效地完成工作					
	工作结束后，能够将工位整理干净					

4.4.3 作品评价表

评 价 点	作品质量标准	评 价 等 级		
		A	B	C
主题内容	视频内容积极健康、切合主题			
直观感觉	作品内容完整，可以独立、正常、流畅地播放；作品结构清晰；镜头运用合理			
技术规范	视频尺寸规格符合规定的要求			
	视频画面具有一定的创意			
	视频作品输出格式符合规定的要求			
镜头表现	视频音乐节奏与画面内容卡点准确			
	音画配合适当			
艺术创新	根据视频内容配合的文字变化新颖、时尚			
	视频整体表现形式有新意			

4.5　巩固扩展

1．任务

根据本学习情境所讲内容，运用所学知识，读者可以自己使用手机或数码相机拍摄生活中的视频素材，题材不限，可以是生活好物分享、探店分享、生活娱乐探索、生活随拍等题材，最终使用剪映 App 对短视频进行剪辑处理，并为短视频制作卡点音乐，完成一个完整的生活短视频的制作。

2．任务要求

（1）时长：1min 左右。

（2）素材数量：不得少于 10 段视频素材。

（3）素材要求：使用不同的运动镜头拍摄方式进行视频素材的拍摄。

（4）制作要求：为短视频选择合适的音乐，并且制作出完整的卡点音乐短视频。

4.6　课后测试

在完成本学习情境内容的学习后，读者可以通过几道课后测试题，检验一下自己对"生活短视频"的学习效果，同时加深对所学知识的理解。

一、选择题

1．画面和声音都具有各自独特的作用，都是短视频创作中不可或缺的艺术造型手段，声音与画面的组合关系主要有哪几种？（　　）（多选）

A．声画同步　　B．声画分立　　　　C．声画对立　　　　D．声画合一

2．当在一段音乐中截取一部分作为视频的音频素材时，截取部分的开始很突然，结尾戛然而止，这样的音频素材就可以通过（　　）设置，使音频实现淡入、淡出的效果。

A．淡化　　　　B．分割　　　　　　C．音量　　　　　　D．变速

3．声音的（　　）越大，速度越快，听众就越感到紧张。

A．频率　　　　B．音高　　　　　　C．音量　　　　　　D．音色

二、判断题

1．在视频素材拍摄过程中，摄像机镜头运动的速度要保持均匀，保证节奏的连续性，切忌时快时慢、断断续续。（　　）

2．短视频作品的创作源于生活，因此短视频中声音的类型有 3 种：人声、音响和音乐。（　　）

科幻短视频

Premiere 是目前视频后期处理中广泛使用的 PC 端软件之一，使用 Premiere 可以精确控制视频作品的每一帧，使视频画面编辑质量优良，具有良好的兼容性。本学习情境将向读者介绍短视频剪辑，以及 Premiere 的基本操作和视频编辑方法，并且通过一个科幻短视频的制作，使读者能够掌握使用 Premiere 对短视频进行后期编辑处理及特效制作。

5.1 情境说明

科幻类短视频的创作通常都会对视频素材进行特效处理，使短视频表现出特殊的视觉效果，从而吸引浏览者的关注。

5.1.1 任务分析——科幻短视频

很多人都很喜欢看科幻类的电影，在电影中，奇妙的科学幻想及很多不可思议的场景给观众留下了非常深刻的印象。本任务将制作一个科幻短视频，通过对短视频中的场景进行特效处理，从而使短视频给人留下深刻的视觉印象。

本任务需要拍摄一系列城市天际线的视频素材，在短视频制作过程中，将正常的城市天际线视频素材进行镜像处理，结合基础的旋转动画，使短视频实现具有科幻感的"盗梦空间"视觉特效，最后还可以为科幻短视频制作一个遮罩显示的标题文字动画效果，提升短视频的整体格调。图 5-1 所示为本任务所制作的科幻短视频的部分截图。

图 5-1　科幻短视频的部分截图

图 5-1　科幻短视频的部分截图（续）

5.1.2　任务目标——掌握科幻短视频的剪辑与制作

在前面几个任务的学习和短视频制作过程中，主要向读者介绍了在移动端中短视频剪辑制作的操作和使用方法，除了可以使用移动端的视频剪辑 App 制作短视频，还可以使用 PC 端的软件进行视频的后期剪辑和制作，其中最受欢迎的就是 Premiere。Premiere 是 Adobe 公司推出的一款基于 PC 平台的视频后期编辑处理软件，广泛应用于短视频编辑、电视节目制作和影视后期处理等方面。

本任务将带领读者一起使用专业的 PC 端视频后期编辑处理软件 Premiere 来完成科幻短视频的处理和制作。

想要完成本任务中科幻短视频的拍摄与后期制作，需要掌握以下知识内容。

- 理解短视频画面中的四大结构元素分别是什么，以及应该如何表现。
- 理解短视频剪辑的基本原则。
- 了解在视频剪辑过程中，如何选择剪辑点。
- 掌握 Premiere 的基础操作。
- 掌握在 Premiere 中视频素材的剪辑操作。
- 掌握在 Premiere 中制作文字动画的方法。

- 掌握在 Premiere 中添加背景音乐的方法。
- 掌握在 Premiere 中输出视频的方法。

5.2　关键技术

　　视频剪辑是一项技术性和艺术性兼而有之的工作，通过将不同的镜头组接在一起，从而表达短视频的主题，抒发情感、营造美感。在进行科幻短视频的拍摄与后期制作之前，首先需要了解有关短视频画面结构与视频剪辑的基础知识，然后掌握 Premiere 的基础操作。

5.2.1　短视频画面中的四大结构元素

　　一个内容完整的镜头画面的结构元素主要包括主体、陪体、环境（前景、背景）和留白等，下面分别对短视频画面的结构元素进行介绍。

1. 主体

　　主体是短视频画面的主要表现对象，也是其思想和内容的主要载体和重要体现。主体既是表达内容的中心，又是画面结构的中心，在画面中起主导作用。主体还是拍摄者运用光线、色彩、运动、角度、景别等造型手段的主要依据。因此，构图的首要任务就是明确画面的主体。

　　短视频画面主体往往处于变化之中。在一个画面里，可以始终表现一个主体，也可以通过人物的活动、焦点的虚实变化、镜头的运动等不断改变主体形象。图 5-2 所示为以人物为表现对象的主体画面。

图 5-2　以人物为表现对象的主体画面

　　小贴士：主体可以是人或物，也可以是个体或群体。主体可以是静止的，也可以是运动的。

主体在画面中的作用：

（1）主体在内容上占有绝对重要的地位，承担着推动事件发展、表达主题思想的任务。

（2）主体在构图形式上起主导作用，是视觉的焦点，也是画面的灵魂。

主体的表现方法：突出画面主体有直接表现和间接表现两种方法。直接表现就是在画面中给主体以最大的面积、最佳的照明、最醒目的位置，将主体以引人注目、一目了然的结构形式直接呈现给观众；间接表现的主体在画面中占据的面积一般都不大，但仍然是画面结构的中心，有时容易被忽略，却可以通过环境烘托或气氛渲染反衬主体。

但是在实际拍摄过程中，突出主体的常见方法有以下 3 种。

（1）运用布局。通过合理的构图设计处理好主体与陪体的关系，使画面结构主次分明。最常见地运用布局突出主体的构图方式有以下 4 种。

① 大面积构图。主体直接安排在画面最近处，使主体在画面中占据较大的面积，如图 5-3 所示。

② 中心位置构图。将主体安排在画面的几何中心，即画面对象线相交的点及附近区域是画面的中心位置，也是观众视线最为集中的视觉中心，如图 5-4 所示。

图 5-3　大面积构图突出主体

图 5-4　中心位置构图突出主体

③ 九宫格构图。将主体安排在画面九宫格交叉点或交叉点附近的位置上，这些点就是视觉中心点，容易被眼睛关注，符合人们的视觉习惯，也容易与其他物体形成呼应关系，是一种完美的构图方式，如图 5-5 所示。

④ 三角形构图。画面中排列的三个点或者拍摄主体的外形轮廓形成一个三角形，被称为"三角形构图"。这种构图给人以稳定、均衡的感觉，如图 5-6 所示。

图 5-5　九宫格构图突出主体

图 5-6　三角形构图突出主体

（2）运用对比。通过运用各种对比手法来突出主体，常见的对比手法有以下 4 种。

① 利用摄像机镜头对景深进行控制，产生物体间的虚实对比，从而突出主体，如图 5-7

所示。

② 利用动与静的对比，以周围静止的物体衬托运动的主体，或者在运动的物体群中衬托静止的主体，如图 5-8 所示。

图 5-7　虚实对比突出主体

图 5-8　动静对比突出主体

③ 利用影调、色调的对比刻画主体形象，使主体与周围其他事物在明暗或色彩上形成对比，以突出主体，如图 5-9 所示。

图 5-9　利用影调、色调对比突出主体

④ 利用大小、形状、质感、繁简等对比手段，使主体形象鲜明突出。

（3）运用引导。通过运用各种画面造型元素将观众的注意力引导到主体上，常用的引导方法有以下 4 种。

① 光影引导。利用光线、影调的变化，将观众的视线引导到主体上。

② 线条引导。利用交叉线、汇聚线、斜线等线条的变化，将观众的视线引导到主体上。

③ 运动引导。利用摄像机的镜头运动或者改变陪体的动势，将观众的视线引导到主体上。

④ 角度引导。利用仰拍，强化主体的高度，突出主体的形象；利用俯拍所产生的视觉向下集中的趋势，形成某种向心力，将观众的视线引导到主体上。

2. 陪体

陪体是指与画面主体密切相关并构成一定情节的对象。陪体在画面中与主体构成特定关系，可以辅助主体表现主题思想。在图 5-10 所示的短视频画面中，人物是主体，大象是陪体。

图 5-10　视频中的主体与陪体

陪体在画面中的作用：

（1）衬托主体形象，渲染气氛，帮助主体展现画面内涵，使观众正确理解主题思想。例如，教师讲课的情景，作为陪体的学生在专心听课，就能说明作为主体的教师上课具有教学吸引力。

（2）陪体可以与主体形成对比，在构图上起到均衡和美化画面的作用。

陪体的表现方法：

（1）陪体直接出现在画面内与主体互相呼应，这是最常见的表现方法。

（2）陪体放在画面之外，主体提供一定的引导和提示，靠观众的联想来感受主体与陪体的存在关系。这种构图方式可以扩大画面的信息容量，让观众参与画面创作，引起观众的观赏兴趣。

需要注意的是，由于陪体只起到衬托主体的作用，因此陪体不可以喧宾夺主，在构图处理上，它在画面中所占的面积大小、色调强度、动作状态等，都不能强于主体。

小贴士：视频画面具有连续活动的特性，通过镜头运动和摄像机位的变化，主体与陪体之间是可以相互转换的。例如，从教师讲课的镜头摇到学生听课的镜头，学生便由原来的陪体变成了新的主体。

3．环境

环境是指画面主体周围景物和空间的构成要素。环境在画面中的作用主要是展示主体的活动空间，可以表现出时代特征、季节特点和地方特色等。特定的环境还可以表明人物身份、职业特点、兴趣爱好等情况，以及烘托人物的情绪变化。环境包括前景和背景，具体如下。

前景是指在视频画面中位于主体前面的人、景、物，前景通常处于画面的边缘。在图 5-11 所示的短视频画面中，花朵为前景。在图 5-12 所示的短视频画面中，椰树为前景。

前景在画面中的作用：

（1）前景可以与主体之间形成某种特定含义的呼应关系，可以突出主体、推动情节发展、说明和深化主题所要表达的内涵。

（2）前景离摄像机的距离近、成像大、色调深，与远处景物形成大小、色调的对比，可以强化画面的空间感和纵深感。

图 5-11　花朵为前景的短视频

图 5-12　椰树为前景的短视频

（3）选用富有季节特征或地域特色的景物做前景，可以起到表现时间概念、地点特征、环境特点，以及渲染气氛的作用。

（4）均衡构图和美化画面。选用富有装饰性的物体做前景，如门窗、厅阁、围栏、花草等，能够使画面具有形式美。

（5）增加动感。活动的前景或者运动镜头所产生的动感前景，能够很好地强化画面的节奏感和动感。

前景的表现方法：在实际拍摄中，一定要处理好前景与主体的关系。前景的存在是为了更好地表现主体，不能喧宾夺主，更不能破坏、割裂整个画面。因此，前景可以在大小、亮度、色调、虚实各方面采取比较弱化的处理方式，使其与主体区分开来。前景在必要时可以通过场面调度和摄像机位变化变为后景。

小贴士： 需要注意的是，并不是每个画面都需要有前景，所选择的前景如果与主体没有某种必然的关联和呼应关系，就不必使用。

背景主要是指画面中主体后面的景物，有时也可以是人物，用以强调主体环境，突出主体形象，丰富主体内涵。一般来说，前景在视频画面中是可有可无的，但背景是必不可少的，背景是构成环境、表达画面内容和纵深空间的重要成分。常选择一些富有地方特色与时代特征的背景，如北京的天安门、上海的东方明珠塔等来交代主体的地点。在图 5-13 所示的短视频画面中，远山、天空构成了画面的背景。

背景在画面中的作用：

（1）背景可以表明主体所处的环境、位置，渲染现场氛围，帮助主体揭示画面的内容和主题。

（2）通过背景与主体在明暗、色调、形状、线条及结构等方面的造型对比，可以使画面产生多层景物的造型效果和透视感，增强画面的空间纵深感。

（3）表达特定的环境，刻画人物性格，衬托、突出主体形象。

图 5-13　短视频的画面背景

背景的表现方法：在短视频拍摄过程中，需要处理好背景与主体的关系。背景的影调、色调、形象应该与主体形成恰当的对比，不能过分突出、喧宾夺主，影响主体的内容。当背景影响到主体的表现时，可以通过适当控制景深、变幻虚实等方式来突出主体。

如果没有特殊的要求，画面背景应该坚持减法原则，利用各种艺术手段和技术手段对背景进行简化，力求画面的简洁。

4．留白

留白是指画面看不出实体形象，趋于单一色调的画面部分，如天空、大海、大地、草地，或者黑、白等单一色调。留白其实也是背景的一部分。在图 5-14 所示的短视频画面中，海水部分构成了画面的留白。

图 5-14　视频画面中的留白

留白在画面中的作用：

（1）主体周围的留白使画面更为简洁，可以有效地突出主体形象。

（2）画面中的留白是为了营造某种意境，让观众产生更多的联想空间。

（3）画面中的留白可以使画面生动活泼，没有任何留白的画面会使人感到压抑。

留白的表现方法：在一般情况下，人物视线方向的前方、运动主体的前方、人物动作方向、各个实体之间都应该适当留白。这样的构图符合人们的视觉习惯和心理感受，这点在短视频拍摄时需要多加注意。留白在画面中所占的比例不同，会使画面产生不同的意义，例如，在画面留白占据较大的面积时，重在写意；在画面留白占据面积较小时，重在写实。另外，留白在画面中要分配得当，尽可能避免留白与实体面积相等或对称，做到各个实体和谐统一。

> **小贴士**：需要注意的是，并不是所有视频画面都具备上述的各个画面要素，在实际拍摄时，需要根据画面内容合理地安排陪体、环境和留白。无论如何运用这些结构元素，其目的都是为了突出主体、表达主题。

5.2.2 短视频剪辑的基本原则

一部完整的短视频作品是由一系列镜头画面构成的，镜头组接会直接影响最终短视频作品的内容表达和艺术表现。后期剪辑应该根据导演或编导的创作意图，综合运用蒙太奇手法进行镜头组接，从而阐述不同的画面意义和思想内涵。

镜头的组接不能随心所欲，应该遵循以下 6 个基本原则。

1．因果与逻辑原则

镜头组接需要遵循事物发展的基本逻辑与因果关系。在正常情况下，绝大多数叙事镜头均需要按照时间的顺序进行组接，即使不按照时间组接镜头，也要符合事物发展的基本因果关系。例如，在一些影视作品中，经常会看到这样两组镜头：（1）某人开枪，另一人中弹倒下；（2）某人中弹倒下，在他身后，另一人手中的枪膛里正冒着一缕青烟。前一种镜头组接方式先交代动作，后交代这一动作产生的结果，这是基于时间顺序进行叙述的，符合日常生活体验；而后一种镜头组接方式则先给出事情的结果，再交代原因，制造一定的悬念，虽然不符合生活中的时间顺序，但是符合事件发生的内在逻辑。

因此，镜头组接必须符合基本的因果联系和日常生活逻辑，这是观众能够接受和理解作品的前提。

2．时空一致性原则

短视频画面向观众传达的视觉信息具有多种构成因素，包括环境、主体动作、画面结构、景深、拍摄角度，以及不同焦距镜头的成像效果等。因此，两幅画面在衔接时，画面中的各种元素要有一种和谐对应的关系，使观众感到自然、流畅，不会产生视觉上的间断感和跳跃感。

3．180°轴线原则

所谓"轴线"，可被视为拍摄主体在运动方向、视线方向和不同对象之间关系的一条假想连接线。在通常情况下，相邻的两个镜头需要保持轴线关系一致，即画面主体在空间位置、视线方向及运动方向上必须保持一致性和连贯性。

4．适合观众心理原则

观众在观看短视频时，多处于积极、活泼的思维活动中，他们不仅希望能够获得信息，还时常幻想将自己置身于情节之中，受其感染并产生共鸣，从而获得美的享受。想要满足观众的观赏心理和审美需求，需要做到以下3个方面：

（1）景别匹配、循序渐进。前、后镜头组接在一起时，需要相互协调，使两个画面在连接时处于一种自然和谐的关系之中，避免出现过大景别（如远景）与过小景别（大特写）之间的接组接，而近景、中景、远景之间的循序渐进的切换是绝大多数叙事镜头常用的剪接方式。

（2）适时使用主观镜头和反应镜头。在一般情况下，当某一个画面中的主体有明显的观望动作时，观众会产生好奇心，这时如果组接一个相应的主观镜头，就可以满足观众的心理诉求和好奇心。图5-15所示为在短视频中使用主观镜头和反应镜头。

图 5-15　使用主观镜头和反应镜头

（3）避免跳切。在组接镜头时，将机位、景别和拍摄角度没有明显区别的镜头组接在一起，这种效果被称为跳切，需要尽量避免，否则会令观众感觉突兀、不自然、不正常。

5. 光色方案统一原则

镜头组接要保持影调和色调的连贯性，尽量避免出现没有必要的光色跳动。在镜头组接时，需要遵循"平稳过渡"的变化原则，如果必须将影调和色调对比过于强烈的镜头组接在一起，则通常需要安排一些中间影调和色调的衔接镜头进行过渡，也可以通过编辑软件添加一个叠化效果进行缓冲。图5-16所示为影调和色调统一的镜头组接。

图 5-16　影调和色调统一的镜头组接

图 5-16　影调和色调统一的镜头组接（续）

6. 声画匹配原则

镜头组接需要注意声音和画面的配合。声音和画面各有其独特的表现特性，只有将二者有机结合起来，才能更好地展现短视频作品。

5.2.3　如何选择剪辑点

剪辑点是指两个镜头相连接的点。镜头组接只有选准了剪辑点的位置，才能实现从形式到内容的紧密结合，使内容、情节、节奏、情感的发展更加符合科学逻辑和审美特性。

在对短视频进行镜头剪接时，需要注重动作剪辑点、情绪剪辑点、节奏剪辑点和声音剪辑点4类剪辑点的选择。

1. 动作剪辑点

动作剪辑点主要是以人物形体动作为基础，以画面情绪和叙事节奏为依据，结合日常生活经验选择的。对于运动中的物体，剪辑点通常要安排在动作正在发生的过程中。在具体操作的过程中，需要找出动作中的临界点、转折点和"暂停处"作为剪辑点。图 5-17 所示为根据人物动作进行镜头组接。

图 5-17　根据人物动作进行镜头组接

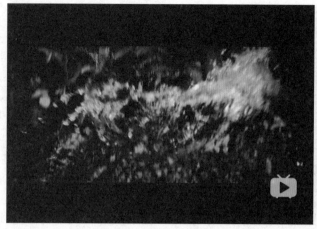

图 5-17　根据人物动作进行镜头组接（续）

需要强调的是，动作剪辑点的选择还需要以叙事的情绪和节奏为依据，在组接镜头时，上一个镜头需要完整地保持到临界点，下一个镜头则需要根据情绪的需要选择起始点。

2．情绪剪辑点

情绪剪辑点主要以心理动作为基础，以表情为依据，结合造型元素进行选取。具体来说，在选取情绪的剪辑点时，需要从情节的发展，人物的内心活动，以及镜头长度等方面，把握人物的喜、怒、哀、乐等情绪，尽量选取情绪的高潮作为剪辑点，为情绪表达留足空间。图 5-18 所示为根据人物情绪进行镜头组接。

图 5-18　根据人物情绪进行镜头组接

3．节奏剪辑点

节奏剪辑点主要以故事情节为基础，以人物关系和规定情境中的中心任务为依据，结合语言、情绪、造型等因素来选取，它要求重视镜头内部动作与外部动作的吻合度。

在选取画面节奏剪辑点时，需要综合考虑画面的戏剧情节、语言动作和造型特点等，可以选取固定画面快速切换产生强烈的节奏，也可以选取与舒缓的镜头加以组合产生柔和、舒缓的节奏，同时要使画面与声音相匹配，使其内外统一，节奏感鲜明。图 5-19 所示为一组不同城市标志性建筑的快速剪接，通过快速的画面切换展现出不同城市标志性建筑的风采。

4．声音剪辑点

声音剪辑点的选择是以声音的特征为基础的，根据内容的要求，以及声音和画面的有机关系来处理镜头的衔接，它要求尽力保持声音的完整性和连贯性。声音的剪辑点主要包括对白的剪辑点、音乐的剪辑点和音效的剪辑点 3 种。

图 5-19　根据节奏进行镜头组接

小贴士：短视频作为一种内容输出，是需要社会舆论支持的。如果继续"野蛮生长"，问题将愈加严峻。中国网络视听节目服务协会发布的《网络短视频平台管理规范》提出："网络短视频平台应当建立未成年人保护机制，采用技术手段对未成年人在线时间予以限制，设立未成年人家长监护系统，有效防止未成年人沉迷短视频。"目前，抖音、快手、火山小视频等试点上线青少年防沉迷系统，这不仅体现了行业责任，还体现了行业对于自身发展的长远要求。

5.2.4　Premiere 的基础操作

在使用 Premiere 进行视频剪辑处理之前，首先需要认识 Premiere 的工作界面及基础操作，以便更顺利地学习和使用该软件。

1. 认识 Premiere 工作界面

完成 Adobe Premiere Pro CC 软件的安装，双击启动图标，即可启动 Premiere，启动界面如图 5-20 所示。完成 Premiere 的启动之后，在界面中显示"开始使用"窗口，如图 5-21 所示，在该窗口中为用户提供了项目的基本操作按钮，包括"新建项目""打开项目""新建团队项目""打开团队项目"等，单击相应的按钮，就可以快速地进行相应的项目操作。

Premiere 采用了面板式的操作环境，整个工作界面由多个活动面板组成，视频的后期编辑处理就是在各种面板中进行的。Premiere 的工作界面主要是由"项目"面板、"时间轴"面板、"音频仪表"面板、"源"监视器窗口、"节目"监视器窗口、"工具"面板及菜单栏等组成的，如图 5-22 所示。

图 5-20 启动界面　　　　　　　　　图 5-21 "开始"使用窗口

图 5-22 Premiere 的工作界面

2．创建项目文件和序列

项目是一种单独的 Premiere 文件，包含了序列及组成序列的素材，如视频、图片、音频、字幕等。项目文件还存储着一些图像采集设置、切换和音频混合、编辑结果等信息。在 Premiere 中，所有的编辑任务都是以项目的形式存在和呈现的。

Premiere 的项目文件是由一个或多个序列组成的，最终输出的影片包含了项目中的序列。序列对项目极其重要，因此熟练掌握序列的操作至关重要。下面介绍如何在 Premiere 中创建项目文件和序列。

执行"文件|新建|项目"命令，弹出"新建项目"对话框，如图 5-23 所示。在"名称"选项后的文本框中输入项目名称，单击"位置"选项后的"浏览"按钮，选择项目文件的保存位置，其他选项均可采用默认设置，如图 5-24 所示。

单击"确定"按钮，即可创建一个新的项目文件，在项目文件的保存位置可以看到自动创建的 Premiere 项目文件，如图 5-25 所示。

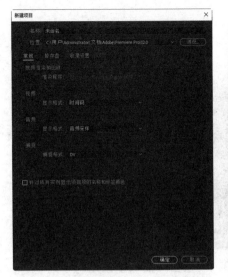 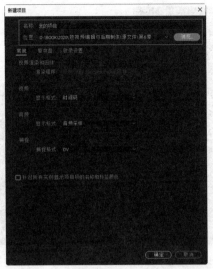 

图 5-23　"新建项目"对话框　　图 5-24　设置项目名称和保存位置　　图 5-25　创建的项目文件

小贴士：打开项目文件可以执行"文件|打开"命令，或者执行"文件|打开最近使用的内容"命令。在"打开最近使用的内容"命令的二级菜单中，会显示用户在最近一段时间内编辑过的项目文件。

在完成项目文件的创建后，接下来需要在该项目文件中创建序列。执行"文件|新建|序列"命令，或者单击"项目"面板上的"新建项"按钮■，在弹出的菜单中选择"序列"命令，如图 5-26 所示，弹出"新建序列"对话框。在"新建序列"对话框中，默认显示的是"序列预设"选项卡，在该选项卡中罗列了诸多预设方案，单击任意一个方案，就可以在对话框右侧的列表框中查看相对应的方案描述及详细参数。由于我国采用的是 PAL 电视制式，因此在新建项目时，一般选择 DV-PAL 制式中的"标准 48k Hz"模式，如图 5-27 所示。

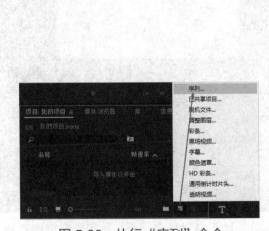 

图 5-26　执行"序列"命令　　　　　　　图 5-27　"新建序列"对话框

选择"设置"选项卡，可以在预设方案的基础上，进一步修改相关设置和参数，如图 5-28 所示。单击"确定"按钮，完成"新建序列"对话框的设置。在"项目"面板中可以看到所创建的序列，如图 5-29 所示。

图 5-28 "设置"选项卡的设置

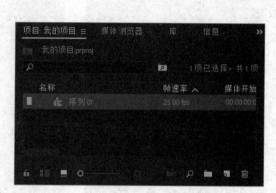

图 5-29 "项目"面板中创建的序列

3. 导入素材

在 Premiere 中进行视频编辑处理时，首先需要将视频、图片、音频等素材导入"项目"面板中，然后进行编辑处理。

如果需要将素材导入 Premiere 中，可以执行"文件|导入"命令，或者在"项目"面板的空白位置双击，弹出"导入"对话框，选择需要导入的素材文件，如图 5-30 所示。单击"打开"按钮，就可以将选择的素材文件导入"项目"面板中。

双击"项目"面板中的素材，可以在"源"监视器窗口中查看该素材的效果，如图 5-31 所示。

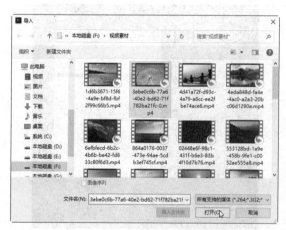

图 5-30 "导入"对话框

图 5-31 导入素材并在"源"监视器窗口中查看

小贴士：在"导入"对话框中可以同时选中多个需要导入的素材，实现将选中的多个素材同时导入"项目"面板中，也可以单击"导入"对话框中的"导入文件夹"按钮，实现整个文件夹素材的导入。

4．保存与输出操作

执行"文件|保存"命令，或者按 Ctrl+S 组合键，对项目文件进行覆盖保存。

执行"文件|另存为"命令，弹出"保存项目"对话框，可以通过设置新的存储路径和项目文件名称进行保存。

在完成项目文件的编辑处理后，还需要将项目文件以视频形式导出，当然在 Premiere 中还可以将项目文件以其他文件形式导出。

执行"文件|导出|媒体"命令，弹出"导出设置"对话框，如图 5-32 所示。在该对话框的右侧可以设置导出媒体的格式、文件名称、输出位置、模式预设、效果、视频、音频、字幕、发布等信息。

图 5-32　"导出设置"对话框

在设置完成后，单击"导出"按钮，即可将制作好的项目文件导出为视频文件。

在完成项目文件的编辑制作后，执行"文件|关闭项目"命令，可以关闭当前所制作的项目文件。

5.2.5　Premiere 中视频素材的剪辑操作

Premiere 是一款非线性编辑软件，非线性编辑软件的主要功能就是对视频素材进行剪辑操作，通过各种剪辑技术对视频素材进行分割、拼接和重组，最终形成完整的作品。

1．认识监视器

监视器窗口包括"源"监视器窗口和"节目"监视器窗口，这两个窗口是视频后期剪辑处理的主要"阵地"，为了提高工作效率，下面对这两个监视器窗口进行简单介绍。

双击"项目"面板中需要编辑的视频素材，可以在"源"监视器窗口中显示该视频素材，如图 5-33 所示。

图 5-33 "源"监视器窗口

"源"监视器窗口底部的功能操作按钮从左至右依次是"添加标记"按钮 、"标记入点"按钮 、"标记出点"按钮 、"转到入点"按钮 、"后退一帧"按钮 、"播放/停止切换"按钮 、"前进一帧"按钮 、"转到出点"按钮 、"插入"按钮 、"覆盖"按钮 和"导出帧"按钮 。

图 5-34 "节目"监视器窗口

"节目"监视器窗口与"源"监视器窗口非常相似,如图 5-34 所示。当序列上没有素材时,在"节目"监视器窗口中显示黑色,只有序列上放置了素材,在该窗口中才会显示素材的内容,这个内容就是最终导出的节目内容。

"节目"监视器窗口与"源"监视器窗口底部的功能操作按钮基本相同,但有两个按钮例外,即"提升"按钮 和"提取"按钮 。

"节目"监视器窗口中的"提升"按钮 是指在"节目"监视器窗口中选取的素材片段在"时间轴"面板中的轨道上被删除,原位置内容空缺,等待新内容的填充,如图 5-35 所示。

"节目"监视器窗口中的"提取"按钮 是指在"节目"监视器窗口中选取的素材片段在"时间轴"面板中的轨道上被删除,后面的素材前移及时填补空缺,如图 5-36 所示。

图 5-35 单击"提升"按钮的效果

图 5-36 单击"提取"按钮的效果

"源"监视器窗口中的"插入"按钮 是指在"时间轴"面板中的当前时间位置的后面插入选取的素材片段,当前时间位置之后的原有素材自动向后移动,节目总时间变长。

"源"监视器窗口中的"覆盖"按钮 是指在"时间轴"面板中的当前时间位置使用选取的素材片段替换原有素材。如果选取的素材片段时长没有超过当前时间位置的原有素材时长,则节目总时长不变；反之节目总时长为当前时长加上选取的素材片段时长。

通过以上对比可以了解到，"源"监视器窗口是对"项目"面板中的素材进行剪辑的，并将剪辑得到的素材片段插入"时间轴"面板中；而"节目"监视器窗口是对"时间轴"面板中的素材片段直接进行剪辑的。"时间轴"面板中的内容是通过"节目"监视器窗口显示出来的，也是最终导出的视频内容。

2．视频素材剪辑

单击"源"监视器窗口底部的"播放"按钮▶，可以观看视频素材。将时间指示器拖至 03秒 18 帧的位置，单击"标记入点"按钮，如图 5-37 所示，即可完成素材入点的设置。将时间指示器拖至 04 秒 29 帧的位置，单击"标记出点"按钮，如图 5-38 所示，即可完成素材出点的设置。

图 5-37 设置视频素材入点位置（1）

图 5-38 设置视频素材出点位置（1）

小贴士：在使用鼠标拖动时间指示器时，不能拖动的很精确，但可以借助"前进一帧"按钮▶或"后退一帧"按钮◀，进行精确的调整。

单击"源"监视器窗口底部的"插入"按钮，即可将入点与出点之间的视频素材插入"时间轴"面板的 V1 轨道中，如图 5-39 所示。在"源"监视器窗口中将时间指示器拖至 10 秒08 帧的位置，单击"标记入点"按钮，如图 5-40 所示。将时间指示器拖至 13 秒 04 帧的位置，单击"标记出点"按钮，如图 5-41 所示，完成视频素材中需要部分的截取。

图 5-39 插入截取的视频素材

图 5-40 设置视频素材入点位置（2）

在"时间轴"面板中确认时间指示器位于第 1 段视频素材结束位置，单击"源"监视器窗口底部的"插入"按钮 ，即可将入点与出点之间的视频素材插入"时间轴"面板的 V1 轨道中，如图 5-42 所示，完成第 2 段视频素材的插入。

图 5-41　设置视频素材出点位置（2）　　　　图 5-42　插入截取的第 2 段视频素材

小贴士：在"源"监视器窗口中设置视频素材的入点和出点，在"时间轴"面板中确定需要插入视频素材的位置，然后单击"源"监视器窗口中的"插入"按钮 ，将选取的素材插入时间轴中，这种方法通常被称为"三点编辑"。

3．视频编辑工具

1）认识视频编辑工具

在"工具"面板中包含了多个可用于视频编辑操作的工具，具体如下：

"选择工具" ：使用该工具，可以选择素材，将选择的素材拖曳至其他轨道。

"向前选择轨道工具" ：当"时间轴"面板的某一条轨道中包含多个素材时，单击该按钮，可以选中当前所选择素材右侧的所有素材片段。

"向后选择轨道工具" ：当"时间轴"面板的某一条轨道中包含多个素材时，单击该按钮，可以选中当前所选择素材左侧的所有素材片段。

"波纹编辑工具" ：使用该工具，在将鼠标指针移至单个视频素材的开始或结束位置时，可以拖动调整选中的视频长度，前方或后方的素材片段在编辑后会自动吸附（注：修改的范围不能超出原视频的范围）。

"滚动编辑工具" ：使用该工具，可以在不影响轨道总长度的情况下，调整其中某个视频的长度（如果缩短其中一个视频的长度，则会使其他视频变长；如果拖长其中一个视频的长度，则会使其他视频变短）。需要注意的是，在使用该工具前，视频必须已经修改过长度，并且有足够的剩余时间进行调整。

"比率拉伸工具" ：使用该工具，将原有的视频素材拉长，视频播放就变成了慢动作；将视频长度变短，视频就有了类似于快进播放的效果。

"剃刀工具" ：使用该工具，在素材的合适位置上单击，就可以在当前位置分割素材了。

"外滑工具" ：对已经调整过长度的视频，在不改变视频长度的情况下，使用该工具在视频素材上进行拖动，就可以变换视频区间。

"内滑工具" 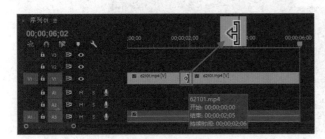：使用该工具在视频素材上拖动，如果选中的视频长度不变，则变换所有未选中的视频长度。

"钢笔工具" ：使用该工具，可以在"节目"监视器窗口中绘制自由形状的图形，在该工具中还包含两个隐藏工具"矩形工具"和"椭圆工具"，分别用于绘制矩形和椭圆形。

"手形工具" ：使用该工具，可以在"时间轴"面板和监视器窗口中进行拖曳、预览。

"缩放工具" ：使用该工具，在"时间轴"面板中单击可以放大时间轴，按住 Alt 键单击可以缩小时间轴。

"文字工具" ：使用该工具，在"节目"监视器窗口中单击可以输入文字。在该工具中还包含"垂直文字工具"，可以输入竖排文字。

2）使用波纹/滚动编辑工具

"波纹编辑工具" 和"滚动编辑工具" 经常替代"剃刀工具" ，因为用这两个工具对视频素材进行精剪，比"剃刀工具" 更方便、更直观。

将两段视频素材拖入"时间轴"面板的视频轨道中，节目的总时长为 6 秒 02 帧。使用"波纹编辑工具" ，将鼠标指针移至第 1 段视频素材的结束位置，鼠标指针会变为黄色的箭头形状，如图 5-43 所示。按住鼠标左键并向左拖到适当的位置释放鼠标，第 1 段视频素材的出点前移，与第 2 段视频素材的入点紧贴，整个节目总时长变短，如图 5-44 所示。

图 5-43　鼠标指针效果

图 5-44　调整第 1 段视频素材的出点

使用"波纹编辑工具" ，将鼠标指针移至第 2 段视频素材的起始位置，当鼠标指针变为黄色的箭头时，按住鼠标左键并向右拖到适当的位置释放鼠标，会使第 2 段视频素材的入点后移，整个节目的总时长也会随着变化，如图 5-45 所示。

图 5-45　调整第 2 段视频素材的入点位置

使用"滚动编辑工具" ，将鼠标指针移至第 1 段视频素材与第 2 段视频素材之间的位置，在按住鼠标左键拖动时，可以同时调整第 1 段视频素材的出点位置和第 2 段视频素材的入点位置，但节目的总时长是不变的，如图 5-46 所示。

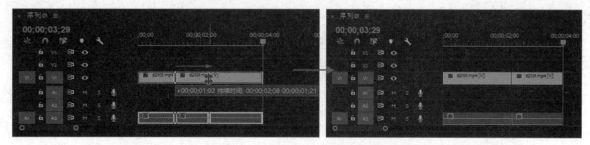

图 5-46　同时调整第 1 段素材的出点和第 2 段素材的入点

3）使用"外滑工具"

使用"外滑工具" 在选中的素材上左右拖动，可以改变选中素材的入点和出点，以便更好地和上下剪辑连接。

将 3 段视频素材拖入"时间轴"面板的视频轨道中。使用"外滑工具" ，在视频轨道的第 2 段视频素材上单击并拖动鼠标，在"节目"监视器窗口中会出现调整画面，如图 5-47 所示。

图 5-47　使用"外滑工具"拖动调整

第 2 段视频素材的入点和出点都随着鼠标指针的拖动而不断变化，但左右两端的第 1 段视频素材的出点画面与第 3 段视频素材的入点画面是保持不变的。通过拖动，观察第 1 段与第 2 段视频素材画面的最佳衔接点，以及第 2 段与第 3 段视频素材画面的最佳衔接点，从而达到最佳视觉效果，节目的总时长是不变的。

4）使用"内滑工具"

使用"内滑工具" 在选中的视频素材上左右拖动，所选中视频素材的出入点不变，改变的是前一个视频素材的出点和后一个视频素材的入点。

使用"内滑工具" ，将鼠标指针移至视频轨道的第 2 段视频素材上方单击并拖动鼠标，在"节目"监视器窗口中会出现调整画面，如图 5-48 所示。

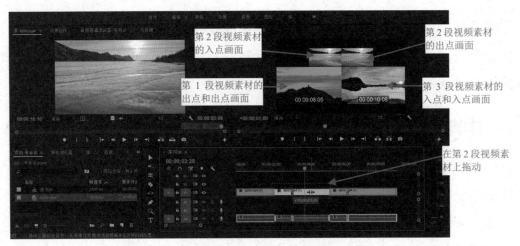

图 5-48   使用"内滑工具"拖动调整

随着鼠标指针的拖动，第 2 段素材的入点和出点是不变的，而左右两端第 1 段素材的出点画面和第 3 段素材的入点画面是在不断调整的。通过拖动，观察第 1 段与第 2 段素材画面的最佳衔接点，以及第 2 段与第 3 段素材画面的最佳衔接点，从而使素材画面达到最佳视觉效果，但节目的总时长是不变的。

5.3   任务实施

在了解了短视频画面结构元素和视频后期剪辑的相关知识及 Premiere 的基础操作之后，接下来进入任务的实施阶段，在该阶段主要分为以下三大步骤。

（1）前期准备，学习科幻短视频策划的相关知识。

（2）中期拍摄，通过不同的运动镜头拍摄视频素材。

（3）后期制作，讲解如何在 Premiere 中制作视频特效，并且制作标题文字动画，最终完成科幻短视频的制作。

5.3.1   前期准备——科幻短视频策划

随着科技的发展，人们对未来的向往和需要，可以通过科幻短视频的形式对未来有一个无限的遐想，因为特效视频虚实结合，观众可以完全沉浸其中，只要后期的特效加工就可以实现普通短视频无法实现的效果。

随着技术的发展，更多科幻特效可以融入短视频中。科幻特效可以让一些现实中无法达到的效果呈现给观众，有精彩的爆破效果、模拟血迹、人物变脸等，也可以作为故事剧情的引导者，不仅能够达到锦上添花的效果，还能够给观众带来一定的视觉冲击力，使其在观看过程中被吸引。

科幻类是短视频中常见的一种类型，该类短视频以科幻元素为题材，以建立在科学上的幻想情景为背景，例如，《盗梦空间》这部好莱坞科幻电影，就为观众展现了许多奇幻的梦中构造场景。因为短视频的时长有限，所以科幻短视频重点是以视觉特效的表现为主。

　　本任务所制作的科幻短视频，主要是对视频素材中的场景进行特效处理，将城市场景的视频素材处理为场景镜像特效，结合场景的旋转及镜头的移动变化，使视频场景表现出独特的梦境感的视觉效果。

5.3.2　中期拍摄——视频素材拍摄

　　科幻短视频最重要的是后期特效的制作，为了后期的制作，在前期视频素材的拍摄过程中，需要特别注意镜头的把握。

　　本任务所制作的科幻短视频中所使用到的视频素材主要是城市场景的视频片段，尽量能够拍摄城市天空与地平线相接的画面，这样在后期制作视频画面的镜像效果时，会非常的震撼。在拍摄过程中尽量使用运动镜头进行拍摄，包括移镜头、摇镜头、推镜头、拉镜头等，这样拍摄出来的视频素材在视觉效果上更具有运动感。如果在视频素材的拍摄过程中能够使用无人机进行航拍，则会获得更好的视觉效果。

　　图 5-49 所示为两段都采用了拉镜头的方式进行拍摄的视频素材片段，通过摄像机自身的物理运动，展现开阔的视野场景。

图 5-49　采用拉镜头的方式进行拍摄的视频素材片段

　　图 5-50 所示为两段都采用了移镜头的方式进行拍摄的视频素材片段，摄像机运动方向与拍摄主体运动方向进行平行移动。

图 5-50　采用移镜头的方式进行拍摄的视频素材片段

图 5-51 所示为采用了摇镜头的方式进行拍摄的视频素材片段，镜头围绕着画面中的建筑物进行左右摇动拍摄。

图 5-51　采用摇镜头的方式进行拍摄的视频素材片段

图 5-52 所示为采用了推镜头的方式进行拍摄的视频素材片段，在拍摄过程中镜头不断向前推进，体现出画面的纵深空间。

图 5-52　采用推镜头的方式进行拍摄的视频素材片段

小贴士：本任务所拍摄的视频素材多是采用俯视角度拍摄的城市天际线的视频画面，这样的视频素材拍摄相对比较困难。除了可以亲自拍摄，还可以通过互联网搜索一些城市航拍的视频素材。

5.3.3　后期制作——科幻短视频的剪辑与制作

1. 制作视频素材镜面特效

（1）执行"文件|新建|项目"命令，弹出"新建项目"对话框，设置项目文件的名称和位置，如图 5-53 所示。单击"确定"按钮，新建项目文件。执行"文件|新建|序列"命令，弹出"新建序列"对话框，在"可用预设"列表中选择"AVCHD"选项组中的"AVCHD 1080p30"选项，如图 5-54 所示。单击"确定"按钮，新建序列。

图 5-53　"新建项目"对话框　　　　图 5-54　"新建序列"对话框

（2）双击"项目"面板的空白位置，弹出"导入"对话框，同时选中需要导入的多个视频素材文件，如图 5-55 所示。单击"打开"按钮，将选中的多段视频素材导入"项目"面板中，如图 5-56 所示。

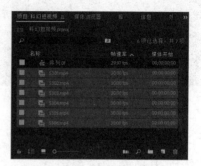

图 5-55　选择需要导入的多个视频素材文件　　　　　图 5-56　"项目"面板

（3）将"项目"面板中的"5301.mp4"素材拖到"时间轴"面板的 V1 轨道上，如图 5-57 所示。在该视频素材自带的音频轨道上右击，在弹出的菜单中执行"取消链接"命令，取消音频与视频的链接，单独选择该视频素材自带的音频，按 Delete 键，将其删除，如图 5-58 所示。

图 5-57　添加视频素材到时间轴　　　　　图 5-58　删除视频素材自带音频

（4）选择 V1 轨道中的视频素材，打开"效果控件"面板，在"位置"属性的"垂直位置"属性值上方按住鼠标左键并向右拖动，如图 5-59 所示。调整视频素材的垂直位置，在"节目"监视器窗口中可以看到视频素材的效果，如图 5-60 所示。

图 5-59　调整"位置"属性值　　　　　图 5-60　调整视频素材的垂直位置

小贴士：在调整视频素材的垂直位置时，由于所选择的视频素材不同，因此"垂直位置"的属性值也会有所不同，重点是观察"节目"监视器窗口中视频素材地平线的位置，大概位于画面的二分之一处即可。

（5）在"效果"面板的搜索栏中输入"裁剪"，即可快速找到"裁剪"效果，如图 5-61 所示。将"裁剪"效果拖到V1轨道的视频素材上，为其应用该效果，在"效果控件"面板中设置"裁剪"效果的"顶部"和"羽化边缘"属性，如图5-62所示。

图5-61　"效果"面板

图5-62　设置"裁剪"效果的相关属性

（6）完成"裁剪"效果相关属性的设置，在"节目"监视器窗口中可以看到视频素材的效果，如图5-63所示。按住Alt键，在"时间轴"面板中向上拖动V1轨道中的视频素材，复制该视频素材并放置在V2轨道中，如图5-64所示。

图5-63　应用"裁剪"效果后的素材效果

图5-64　复制视频素材并放置在V2轨道中

（7）选择V2轨道中的视频素材，在"效果控件"面板的"运动"选项区中将"旋转"属性值设置为180º，向左拖动"垂直位置"属性值，将视频素材垂直向上移至合适的位置，如图5-65所示。在"节目"监视器窗口中可以看到视频素材的效果，如图5-66所示。

图5-65　设置"运动"选项区中的相关属性

图5-66　"节目"监视器窗口中的视频素材效果

（8）同时选中V1和V2轨道中的两个视频素材，执行"剪辑|嵌套"命令，弹出"嵌套序列名称"对话框，具体设置如图5-67所示。单击"确定"按钮，将两个轨道中的视频素材进行

嵌套操作，得到嵌套后的"视频1"素材，如图5-68所示。

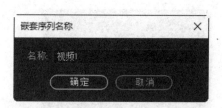

图5-67 "嵌套序列名称"对话框

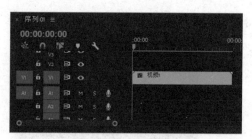

图5-68 嵌套后的"视频1"素材

（9）将"项目"面板中的"5302.mp4"素材拖到"时间轴"面板中V1轨道的"视频1"素材后面，并删除该视频素材自带的音频，如图5-69所示。在"节目"监视器窗口中可以看到"5302.mp4"素材的默认效果，如图5-70所示。

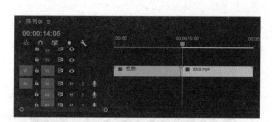

图5-69 将"5302.mp4"素材拖入V1轨道中

图5-70 "5302.mp4"素材的默认效果

（10）采用与"5301.mp4"素材镜面效果相同的制作方法，可以完成该段视频素材镜面效果的制作，如图5-71所示。在"时间轴"面板中将V1和V2轨道中的"5302.mp4"素材进行嵌套操作，得到嵌套后的"视频2"素材，如图5-72所示。

图5-71 制作"5302.mp4"素材的镜面效果

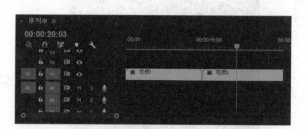

图5-72 嵌套后的"视频2"素材

（11）使用相同的制作方法，分别将"5303.mp4"至"5306.mp4"的素材拖入"时间轴"面板中，并完成这4段视频素材镜面效果的制作，如图5-73所示，在"时间轴"面板中的效果如图5-74所示。

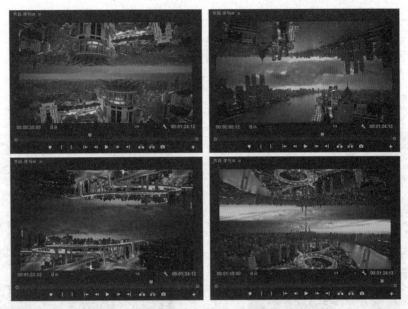

图 5-73　制作另外 4 段视频素材的镜面效果

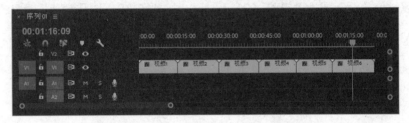

图 5-74　在"时间轴"面板中的效果

2. 制作视频素材动画

（1）选择 V1 轨道中的"视频 1"素材，将时间指示器移至 0 秒位置，在"效果控件"面板中先将"旋转"属性值设置为 12°，"缩放"属性值设置为 135，再分别单击这两个属性左侧的"切换动画"按钮 ⏱，插入这两个属性关键帧，如图 5-75 所示，在"节目"监视器窗口中可以看到"视频 1"素材的效果，如图 5-76 所示。

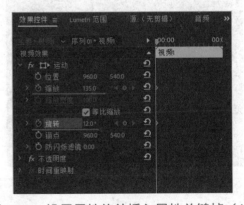

图 5-75　设置属性值并插入属性关键帧（1）

图 5-76　"视频 1"素材的效果（1）

小贴士：Premiere 拥有强大的运动效果生成功能，通过简单的设置，使静态的素材画面产生运动效果。关键帧动画可以在原有视频画面的基础上，通过创建属性关键帧对素材进行移动、变形、缩放等动画效果的制作。

（2）将时间指示器移至 6 秒的位置，在"效果控件"面板中先将"缩放"属性值设置为
100，"旋转"属性值设置为 0º，再分别单击这两个属性左侧的"切换动画"按钮，插入这
两个属性关键帧，如图 5-77 所示，在"节目"监视器窗口中可以看到"视频 1"素材的效果，
如图 5-78 所示。

图 5-77　设置属性值并插入属性关键帧（2）

图 5-78　"视频 1"素材的效果（2）

小贴士：在"时间轴"面板中可以拖动时间指示器将其移至指定的时间位置，也可以单
击"时间轴"面板左上角或"效果控件"面板左下角的时间码，直接输入需要跳转到的
时间位置。

（3）将时间指示器移至 9 秒的位置，在"效果控件"面板中分别单击"缩放"和"旋转"
属性右侧的"添加/移除关键帧"按钮，手动添加属性关键帧，使其与前一个关键帧属性值相
同，如图 5-79 所示。将时间指示器移至 13 秒 27 帧的位置，在"效果控件"面板中先将"缩
放"属性值设置为 130，"旋转"属性值设置为-10º，再分别单击这两个属性左侧的"切换动画"
按钮，插入这两个属性关键帧，如图 5-80 所示。

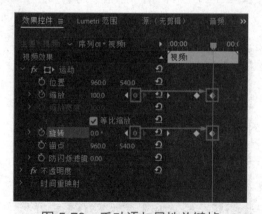

图 5-79　手动添加属性关键帧

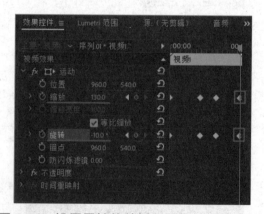

图 5-80　设置属性值并插入属性关键帧（3）

（4）选择 V1 轨道中的"视频 2"素材，将时间指示器移至 13 秒 28 帧的位置，在"效果
控件"面板中先将"旋转"属性值设置为-10º，"缩放"属性值设置为 130，再分别单击这两个
属性左侧的"切换动画"按钮，插入这两个属性关键帧，如图 5-81 所示，在"节目"监视器
窗口中可以看到"视频 2"素材的效果，如图 5-82 所示。

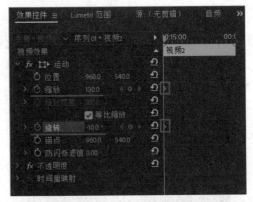

图 5-81 设置属性值并插入属性关键帧（4）

图 5-82 "视频 2"素材的效果（1）

（5）将时间指示器移至 28 秒 22 帧的位置，在"效果控件"面板中先将"旋转"属性值设置为-20º，"缩放"属性值设置为 130，再分别单击这两个属性左侧的"切换动画"按钮，插入这两个属性关键帧，如图 5-83 所示。在"节目"监视器窗口中可以看到"视频 2"素材的效果，如图 5-84 所示。

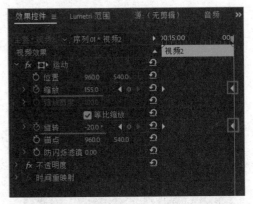

图 5-83 设置属性值并插入属性关键帧（5）

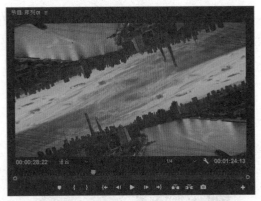

图 5-84 "视频 2"素材的效果（2）

（6）选择 V1 轨道中的"视频 4"素材，将时间指示器移至 43 秒 01 帧的位置，在"效果控件"面板中先将"缩放"属性值设置为 140，再单击该属性左侧的"切换动画"按钮，插入该属性关键帧，如图 5-85 所示，在"节目"监视器窗口中可以看到"视频 4"素材的效果，如图 5-86 所示。

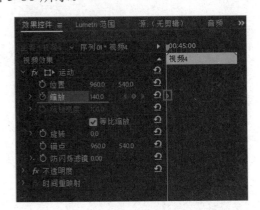

图 5-85 设置属性值并插入属性关键帧（6）

图 5-86 "视频 4"素材的效果（1）

（7）将时间指示器移至 56 秒 13 帧的位置，在"效果控件"面板中先将"缩放"属性值设置为 100，再单击该属性左侧的"切换动画"按钮⏱，插入该属性的关键帧，如图 5-87 所示。在"节目"监视器窗口中可以看到"视频 4"素材的效果，如图 5-88 所示。

图 5-87　设置属性值并插入属性关键帧（7）　　　图 5-88　"视频 4"素材的效果（2）

（8）选择 V1 轨道中的"视频 6"素材，将时间指示器移至 1 分 09 秒 04 帧的位置，在"效果控件"面板中分别单击"旋转"和"缩放"属性左侧的"切换动画"按钮⏱，插入这两个属性关键帧，如图 5-89 所示，在"节目"监视器窗口中可以看到"视频 6"素材的效果，如图 5-90所示。

图 5-89　插入属性关键帧　　　　　　　　　图 5-90　"视频 6"素材的效果（1）

（9）将时间指示器移至 1 分 24 秒 12 帧的位置，在"效果控件"面板中先将"旋转"属性值设置为-15º，"缩放"属性值设置为 142，再分别单击这两个属性左侧的"切换动画"按钮⏱，插入这两个属性关键帧，如图 5-91 所示。在"节目"监视器窗口中可以看到"视频 6"素材的效果，如图 5-92 所示。完成视频素材动画的制作。

图 5-91　设置属性值并插入属性关键帧（8）　　　图 5-92　"视频 6"素材的效果（2）

3．添加视频过渡效果

（1）在"效果"面板中，展开"视频过渡"效果组中的"溶解"选项组，如图 5-93 所示。将"叠加溶解"效果拖至"时间轴"面板中 V1 轨道的"视频 1"与"视频 2"素材之间，应用该过渡效果，如图 5-94 所示。

图 5-93　展开"视频过渡"效果组　　　　图 5-94　在素材之间添加"叠加溶解"效果

（2）单击 V1 轨道的"视频 1"与"视频 2"素材之间的过渡效果，在"效果控件"面板中将"持续时间"选项设置为 1 秒 15 帧，如图 5-95 所示。在"节目"监视器窗口中可以查看"视频 1"与"视频 2"素材之间的"叠加溶解"过渡效果，如图 5-96 所示。

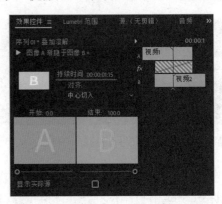

图 5-95　设置"持续时间"选项　　　　　　图 5-96　查看"叠加溶解"过渡效果

（3）使用相同的操作方法，分别在 V1 轨道中其他各素材之间添加相应的视频过渡效果，如图 5-97 所示。

图 5-97　在各素材之间添加视频过渡效果

4. 制作标题文字动画

（1）将时间指示器移至 0 秒位置，使用"文字工具" <kbd>T</kbd>，在"节目"监视器窗口中单击并输入标题文字，在"效果控件"面板的"文本"选项区中对文字的相关属性进行设置，如图 5-98 所示。使用"选择工具"，在"节目"监视器窗口中将标题文字调整到合适的位置，如图 5-99 所示。

图 5-98　设置文字的相关属性

图 5-99　调整标题文字的位置

（2）选择 V2 轨道中的标题文字，将鼠标指针移至该标题文字的右侧，当鼠标指针呈现如图 5-100 所示的效果时，按住鼠标左键并拖动，将标题文字的持续时间调整到与 V1 轨道中的视频素材的持续时间相同，如图 5-101 所示。

图 5-100　鼠标指针效果

图 5-101　调整标题文字的持续时间

（3）在"效果"面板的搜索栏中输入"粗糙边缘"，快速找到"粗糙边缘"效果，如图 5-102 所示。将"粗糙边缘"效果拖到 V2 轨道的标题文字素材上，为其应用该效果，在"效果控件"面板中设置"粗糙边缘"效果的相关属性，如图 5-103 所示。

图 5-102　搜索"粗糙边缘"效果

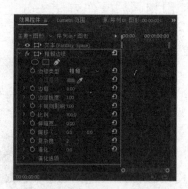

图 5-103　设置"粗糙边缘"效果属性

（4）在"效果控件"面板中，首先单击"运动"选项区中"缩放"属性左侧的"切换动画"
按钮，插入该属性的关键帧，然后在"粗糙边缘"选项区中先将"边框"属性值设置为300，
再单击该属性左侧的"切换动画"按钮，插入该属性的关键帧，如图5-104所示。在"节目"
监视器窗口中可以发现标题文字为隐藏状态，如图5-105所示。

图 5-104　设置属性值并插入属性关键帧

图 5-105　标题文字为隐藏状态

（5）将时间指示器移至6秒位置，在"效果控件"面板的"粗糙边缘"选项区中将"边框"
属性值设置为0，在"运动"选项区中将"缩放"属性值设置为135，如图5-106所示。在"时
间轴"面板中拖动时间指示器，就可以在"节目"监视器窗口中看到标题文字显示的动画效
果，如图5-107所示。

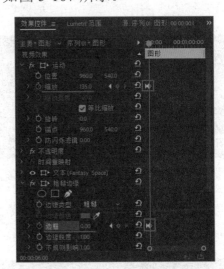

图 5-106　设置属性值

图 5-107　标题文字显示的动画效果

5. 为短视频添加背景音乐

（1）执行"文件|导入"命令，在弹出的"导入"对话框中选择需要导入的背景音乐的音
频素材文件，如图5-108所示。单击"打开"按钮，将选择的音频素材文件导入"项目"面板
中，再将导入的音频素材拖入"时间轴"面板的A1轨道中，如图5-109所示。

图 5-108　选择需要导入的音频素材文件

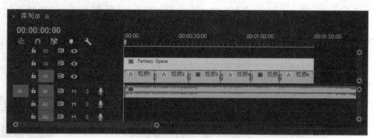

图 5-109　将音频素材拖入 A1 轨道中

（2）选中 A1 轨道中的音频素材，使用"剃刀工具" ，将鼠标指针移至视频素材结束的位置，如图 5-110 所示。在音频素材上单击，音频素材被分割为两段，将后面不需要的一段删除，如图 5-111 所示。

图 5-110　确定音频素材需要分割的位置

图 5-111　分割音频素材并删除不需要的部分

（3）在"效果"面板的搜索栏中输入"指数淡化"，快速找到"指数淡化"效果，如图 5-112 所示。将"指数淡化"效果拖入 A1 轨道的音频素材结束的位置，为其应用该效果，如图 5-113 所示。

图 5-112　搜索"指数淡化"效果

图 5-113　将"指数淡化"效果拖至音频素材结束的位置

（4）单击音频素材结尾添加的"指数淡化"效果，在"效果控件"面板中将"持续时间"选项设置为 3 秒，如图 5-114 所示，在"时间轴"面板中的效果如图 5-115 所示。

图 5-114　设置"持续时间"选项

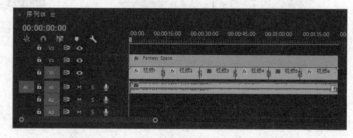

图 5-115　在"时间轴"面板中的效果

6. 输出短视频

（1）选择"节目"监视器窗口，执行"文件|导出|媒体"命令，弹出"导出设置"对话框，在"格式"下拉列表中选择"H.264"选项，单击"输入名称"选项后的超链接，设置输出的文件名称和位置，如图5-116所示。单击"导出"按钮，即可按照上述设置将项目文件导出为相应的视频文件，如图5-117所示。

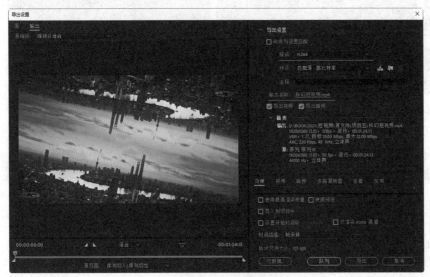

图 5-116 设置"导出设置"对话框

图 5-117 导出视频文件

（2）在完成本任务科幻短视频的制作和输出后，可以使用视频播放器观看该科幻短视频的效果，如图5-118所示。

图 5-118 观看科幻短视频的最终效果

图 5-118　观看科幻短视频的最终效果（续）

5.4　检查评价

本任务完成了一个科幻短视频的后期制作，为了帮助读者理解科幻短视频的拍摄方法和制作技巧，在读者完成本学习情境内容的学习后，需要对其学习效果进行评价。

5.4.1　检查评价点

（1）所拍摄短视频素材的完整性。

（2）能够掌握 Premiere 的基本操作。

（3）能够在 Premiere 中完成科幻短视频效果的制作。

5.4.2　检查控制表

学习情境名称	科幻短视频	组　别		评　价　人		
检查检测评价点				评　价　等　级		
				A	B	C
知　识	能够准确说出短视频画面的结构元素					
	能够描述短视频剪辑的基本原则					
	能够举例指明视频中的 4 类剪辑点					
	能够识别 Premiere 工作窗口的组成部分					
	能够讲解 Premiere 的基本操作方法					
技　能	能够运用短视频剪辑的基本原则制作科幻短视频					
	能够根据制作内容准确地选择剪辑点					
	能够使用 Premiere 进行短视频的编辑制作					
素　养	能够耐心、细致地聆听视频制作需求，准确地记录任务关键点					
	能够与他人进行良好的沟通					
	能够对他人或全班学生畅所欲言，清晰、易懂地表达自己的意见					
	能够说明和解释技术事项					

学习情境名称	科幻短视频	组　别		评 价 人		
检查检测评价点				评 价 等 级		
				A	B	C
素　养	能够形象化地制作、传递复杂的技术资料，并按照通用的演示规则进行演示					
	能够珍惜时间，高效地完成工作					
	工作结束后，能够将工位整理干净					

5.4.3　作品评价表

评 价 点	作品质量标准	评 价 等 级		
		A	B	C
主 题 内 容	视频内容积极健康、切合主题			
直 观 感 觉	作品内容完整，可以独立、正常、流畅地播放；作品画面时尚炫酷			
技 术 规 范	视频尺寸规格符合规定的要求			
	视频画面剪辑点对应规范			
	视频作品输出格式符合规定的要求			
镜 头 表 现	画面内容伴随音乐有动感			
艺 术 创 新	根据视频内容配合的文字变化新颖、时尚			
	视频整体表现形式有新意			

5.5　巩固扩展

1．任务

根据本学习情境所讲内容，运用所学知识，读者可以自己使用手机或数码相机拍摄视频素材，题材不限，最终使用 Premiere 对视频素材进行特效制作，并为短视频制作开场标题文字，完成一个完整的科幻短视频的制作。

2．任务要求

（1）时长：1 分钟左右。

（2）素材数量：不得少于 6 段视频素材。

（3）素材要求：使用不同的运动镜头拍摄方式进行视频素材的拍摄。

（4）制作要求：为短视频制作视觉特效，在各短视频素材之间添加相应的视频过渡效果，为短视频制作标题文字动画效果，并为短视频添加适当的背景音乐。

5.6　课后测试

在完成本学习情境内容的学习后，读者可以通过几道课后测试题，检验一下自己对"科幻短视频"的学习效果，同时加深对所学知识的理解。

一、选择题

1. 下列不属于短视频画面中的结构元素的是（　　　）。

　　A. 主体　　　　　　　B. 陪体　　　　　　　C. 光线　　　　　　　D. 留白

2. 在短视频后期剪辑过程中，镜头组接需要遵循哪些原则？（　　　）（多选）

　　A. 因果与逻辑　　　　B. 时空一致　　　　　C. 适合观众心理　　　D. 声画匹配

3. （　　　）主要是以人物形体动作为基础，以画面情绪和叙事节奏为依据，结合日常生活经验进行选择的。

　　A. 动作剪辑点　　　　B. 情绪剪辑点　　　　C. 节奏剪辑点　　　　D. 声音剪辑点

二、判断题

1. 在实际拍摄时，需要根据画面内容合理地安排短视频画面中的四大结构元素，并且在短视频画面中必须包含每一种结构元素。（　　　）

2. 剪辑点是指两个镜头相连接的点，只有选准了剪辑点的位置，镜头组接才能实现从形式到内容的紧密结合，使内容、情节、节奏、情感的发展更符合科学逻辑关系和审美特性。（　　　）

3. Premiere 是一款线性编辑软件，主要功能是对素材进行剪辑操作，通过各种剪辑技术对素材进行分割、拼接和重组，最终形成完整的作品。（　　　）

运动短视频

运动短视频包含运动集锦、赛事前瞻、运动技巧等多种类型，其内容简短、精彩，能够满足各类人士的不同需求，所以运动短视频拥有很大的传播性，更容易被人们转载。本学习情境将向读者介绍在 Premiere 中制作视频转场过渡效果的方法和技巧，并通过一个运动短视频的拍摄与后期制作，使读者不仅能够掌握使用 Premiere 对短视频进行后期编辑处理及手写文字动画制作的方法和技巧，还能够动手制作出属于自己的运动短视频。

6.1 情境说明

运动短视频的内容可以有多种表现形式，可以是体育运动集锦的形式，也可以是运动技巧分享、赛事解说、健身科普等形式，主题形式非常广泛。在开始进行运动短视频的拍摄与后期制作之前，首先需要确定该运动短视频的主题形式。

6.1.1 任务分析——运动短视频

运动短视频能通过几分钟动态的画面让观众目睹体育赛事，引发情感共鸣，为之鼓掌、惋惜和愤怒，观众愿意在自己的社交网络上分享运动短视频，促进运动短视频内容的再次传播。

本任务将制作一个运动短视频，该短视频的制作主要是通过体育运动视频集锦的方式来展现体育运动的魅力。

在本任务的运动短视频制作过程中，将一个人物的眼睛当作一个特写镜头并将该镜头作为开场，首先通过眼睛瞳孔的逐渐放大，结合遮罩转场的方式过渡到第 1 段运动视频素材；然后通过这种特殊的转场方式，使观众有种仿佛是从第一人物视角观看体育运动的，给观众带来沉浸感；紧接着安排了多段体育运动视频素材，在这些运动视频素材之间添加富有动感的视频过渡转场效果，使得每段运动视频素材的过程都非常的流畅和自然；最后为该运动短视频制作一个手写标题文字的动画，并搭配具有节奏感的背景音乐，充分展现出体育运动的动感魅力。

图 6-1 所示为本任务所制作的运动短视频的部分截图。

图 6-1 运动短视频的部分截图

6.1.2 任务目标——掌握运动短视频的剪辑与制作

运动的好处不必多说，但是能够持之以恒坚持下来的人却不多。运动，其实是人生的一种态度，一种积极向上、百折不挠的态度。

跑步、游泳、羽毛球、跑酷、乒乓球、瑜伽、跳舞、健美操、搏击、轮滑……，无论什么样的运动，都可以通过短视频进行展示。

运动短视频的出现，满足了人们碎片化的生活需求，其简短、精彩的视频内容能够让人们方便、快速地了解体育运动，节约了大量的时间。

想要完成本任务中运动短视频的拍摄与后期制作，需要掌握以下知识内容。

- 了解视频镜头组接的编辑技巧。
- 了解短视频常见的转场方式及运用。
- 了解短视频的节奏处理。

- 了解短视频的色调处理。
- 了解并掌握 Premiere 中视频过渡效果和视频效果的添加与编辑方法。
- 掌握在 Premiere 中制作瞳孔转场动画的方法。
- 掌握在 Premiere 中制作素材的变速效果。
- 掌握在 Premiere 中应用视频过渡效果。
- 掌握在 Premiere 中制作手写标题文字的动画效果。
- 掌握在 Premiere 中添加背景音乐并输出短视频的方法。

6.2　关键技术

在移动互联网时代，短视频呈井喷式发展，其视听结合的表现形式能在较短时间内传递更加丰富的信息，受到内容生产者的青睐。在进行运动短视频的拍摄与后期制作之前，首先需要了解镜头组接编辑、短视频转场方式和短视频节奏感的相关知识，还需要掌握 Premiere 中视频过渡效果和视频效果的应用与编辑操作。

6.2.1　镜头组接的编辑技巧

在短视频后期编辑过程中，创作者可以利用相关软件和技术，在需要组接的镜头画面中或在画面之间通过编辑技巧，使镜头之间的转换更为流畅、平滑，并制作一些直接组接无法实现的视觉及心理效果。常用的镜头组接技巧有淡入淡出、叠化、划像、画中画、抽帧等。

1. 淡入淡出

淡入淡出也被称为"渐显渐隐"，在视觉效果上体现为：在下一个镜头的起始处，画面的亮度由零点逐渐恢复到正常的强度，画面逐渐显现，这一过程被称为"淡入"；在上一个镜头的结尾处，画面的亮度逐渐减到零点，画面逐渐隐去，这一过程被称为"淡出"。淡入淡出是短视频作品表现时间和空间间隔的常用编辑技巧，持续时间一般各为 2 秒。图 6-2 所示为先从短视频的上一个场景中逐渐淡出为黑色，再从下一个场景中逐渐淡入。

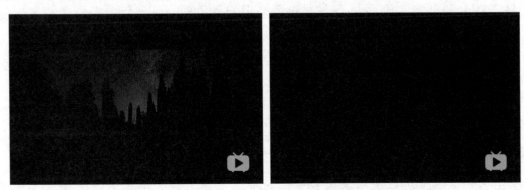

图 6-2　淡出淡入的镜头组接

图 6-2 淡出淡入的镜头组接（续）

小贴士：需要注意的是，由于淡入淡出技巧对时间、空间的间隔暗示作用相当明显，因此在镜头组接时不宜过多使用，否则会使画面的衔接显得十分零碎、松散，还会令作品的节奏拖沓、缓慢。

2．叠化

叠化是指前一镜头逐渐模糊，直至消失，而后一镜头逐渐清晰，直至完全显现的镜头组接。两个镜头在渐隐和渐显的过程中，有短暂的重叠和融合。叠化的时间一般为 3 至 4 秒。图 6-3 所示为在短视频中使用叠化技巧进行镜头组接。

图 6-3 使用叠化技巧进行镜头组接

相比直接的切换，叠化过程具有轻缓、自然的特点，可用于比较柔和、缓慢的时间转换。此外，叠化还可用于展现景物的繁多和变换，很多风光片都会在不同的景色间添加叠化效果。同时，叠化也是避免镜头跳切的重要技巧，实现"软过渡"，最大限度地确保镜头衔接的顺畅。

3．划像

划像是指在上一个镜头画面从一个方向渐渐退出的同时，下一个镜头画面随之出现的一种画面切换效果。根据画面退出和出现的方向和方式的不同，划像通常包括左右划、上下划、对角线划、圆形划、菱形划等。在通常情况下，"划"的时间长度为 1 秒左右。图 6-4 所示为在短视频中使用划像技巧进行镜头组接。

划像可用于描述平行发展的事件，常用于平行蒙太奇或交叉蒙太奇；此外，还可用于表现时间转换和段落起伏。

小贴士：划像的节奏比淡入淡出和叠化的节奏更为紧凑，是人工痕迹相对比较明显的一种镜头转换技巧，如非必需，尽量不要使用，以免令观众产生虚假、造作之感。

图 6-4　使用划像技巧进行镜头组接

4．画中画

画中画是指在同一个画框中展现两个或两个以上的画面。画中画可从不同的视点、视角表现同一事件或同一动作，也可用来表现同时发生的相关或对立的事件、动作，还可用来实现段落和画面的交替更换。画中画在事件性较强的影视作品中较为常见，多用于平行蒙太奇和交叉蒙太奇。图 6-5 所示为在短视频中使用画中画技巧进行镜头组接。

图 6-5　使用画中画技巧进行镜头组接

不过，在缺乏明确设计的情况下，将屏幕随意分割成两个或多个画面是不可取的，观众在同一时间内只能处理有限的视觉信息。如果屏幕中画面过多，则会导致重要信息被观众忽视，甚至让观众产生"眼花缭乱"的感觉。

5．抽帧

抽帧也被称为"抽隔帧"是一种较为常用的镜头组接技巧。在通常情况下，1 秒钟的短视频画面是由 25 或 30 帧（即 25 或 30 个静态画面）组成的，抽帧是指将一些静态画面（帧）从一系列连贯的影像中抽出，从而使影像表现出不连贯的一种编辑技巧。

短视频创作者可使用抽帧技巧实现某种"快速剪辑"效果，即在不改变运动速率的基础上，通过减少帧数的方式，让人物的动作看起来比正常情况下更具动感。

短视频创作者还可利用抽帧技巧实现静帧效果，其操作方法如下：从一系列连贯影像中，选择一帧画面并将其复制为多帧，在放映时，会使某一画面呈现较长时间的定格，有极强的造型功效。图 6-6 所示为在短视频中使用抽帧技巧进行镜头组接。

小贴士：抽帧是一种难度较高、操作复杂的编辑技巧，对视频剪辑提出了很高的要求。

使用得当，可以制造迥异于日常体验的"奇观"；使用不当，则会令画面出现毫无意义的卡顿，影响观影体验。

图 6-6　使用抽帧技巧进行镜头组接

总之，随着短视频剪辑理念的发展和剪辑技术的进步，镜头组接的编辑技巧也在不断变化和革新，这里介绍的仅仅是较为常见的几种。但是，是否使用，如何使用镜头组接的编辑技巧，则需要根据创作的具体创意和需求而定，避免滥用可有可无的编辑技巧。

6.2.2　短视频常见的转场方式及运用

一部短视频作品往往是由多个段落（场景）构成的，从一个场景过渡到另一个场景，即转场。在后期剪辑中，需要采用适当的方法来完成转场，具体来说，包括无技巧转场和有技巧转场两种方式。

1. 无技巧转场

无技巧转场是指通过镜头的自然过渡实现前后两个场景的转换与衔接，强调视觉上的连续性。无技巧转场的思路产生于前期拍摄过程中，并于后期剪辑阶段通过具体的镜头组接完成。无技巧转场包含以下 7 种常见的方式。

（1）直切式转场

直切式转场是最基本、最简单的转场方式，常用于同一主体从一个场景移到另一个场景的情节中。虽然场景产生了变化，但是因为有着共同的主体，所以不会产生突兀的感觉。直切式转场的过渡直截了当，不着痕迹，符合人们的日常生活规律，是大部分短视频作品最普遍的转场方式。图 6-7 所示为使用镜头直切式转场的效果。

图 6-7　使用镜头直切式转场的效果

（2）空镜头转场

空镜头转场，即使用没有明确主体形象、以自然风景为主的写景空镜头作为两个场景衔接点的转场语言。图 6-8 所示为使用空镜头转场的效果。

图 6-8　使用空镜头转场的效果

（3）主观镜头转场

主观镜头转场是指借助镜头的摇移运动或分切组合，在同一组镜头中实现由客观画面到主观画面的自然转换，同时实现场景的转换。在通常情况下，前一个场景是以主体的观望动作作为结束点，紧接着下一个场景就是主体看到的另一个场景，从而自然地将两个场景连贯起来。图 6-9 所示为使用主观镜头转场的效果。

图 6-9　使用主观镜头转场的效果

（4）特写镜头转场

特写镜头由于遮蔽了时空与环境，因此具有天然的转场优势，是一种很常用的无技巧转场方式。图 6-10 所示为使用特写镜头转场的效果。

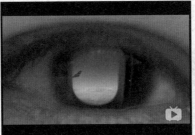

图 6-10　使用特写镜头转场的效果

（5）遮挡镜头转场

遮挡镜头转场也被称为转身过场，即首先拍摄一个人或物向镜头迎面而来的镜头，直至该主体的形象完全将镜头遮蔽，面面呈现黑屏；之后紧接另一场景主体逐渐远离镜头的画面，或者接其他场景的镜头，来形成场景的自然过渡。遮挡镜头转场手法赋予画面主体一种强调和扩张的作用，给人以强烈的视觉冲击，能够为情节的继续发展制作悬念，也能够使画面的节奏变得更加紧凑。图 6-11 所示为使用遮挡镜头转场的效果。

图 6-11　使用遮挡镜头转场的效果

（6）长镜头转场

长镜头转场是指利用长镜头中场景的宽阔和纵深实现自然的转场。由于长镜头具有拍摄距离和景深的优势，因此配合摄像机的推、拉、摇、移等运动形式，实现摄像机镜头从一个场景空间自然过渡到另一个场景空间的变化。

（7）声音转场

声音转场是指通过将前一场景的声音向后一场景延伸，或者将后一场景的声音向前一场景延伸，实现场景的自然过渡。声音转场的形式包括利用画面中人物的对话、台词进行转场，利用旁白进行转场，利用音乐或音响进行转场等。

> **小贴士**：无技巧转场有很多，除了上面介绍的 7 种，还包括虚焦转场、甩镜头转场、相似体转场、两极镜头转场等。

2．有技巧转场

有技巧转场是指在后期剪辑时借助编辑软件提供的转场特效实现的转场。有技巧转场不仅可以使观众明确意识到前后镜头与前后场景之间的间隔、转换和停顿，使镜头自然、流畅，还可以制作出一些无技巧转场不能实现的视觉及心理效果。几乎所有的短视频编辑软件都自带许多出色的转场特效。图 6-12 所示为通过编辑软件中的转场特效实现的有技巧转场效果。

图 6-12　有技巧转场效果

图 6-12 有技巧转场效果（续）

有技巧转场的编辑技巧与前面讲到的镜头组接的编辑技巧基本相同，也有淡入淡出、叠化、划像等方式，此处不再赘述。相关的注意事项也大致相同，有技巧转场只在必要时使用，切忌为追求炫目效果而滥用，破坏作品的整体风格。

6.2.3 短视频节奏处理

节奏由运动而产生，不同的运动状态会产生不同的节奏。视频最本质的特征是运动，这种运动包括画面各元素的运动、摄像机的运动、声音的运动、剪辑产生的运动，以及所有这些元素本身作用于人的心理层面产生的运动和变化。所有这些运动元素的快慢组合、频率交替设置，形成了每部短视频作品独特的节奏。

1．短视频节奏分类

短视频节奏包括内部节奏和外部节奏，是叙事性内在节奏和造型性外在节奏的有机统一，两者的高度融合构成短视频作品的总节奏。

（1）内部节奏

内部节奏是指由剧情发展的内在矛盾冲突和人物内心情感变化而形成的节奏。它是一种故事节奏，往往通过戏剧动作、场面调度、人物内心活动来显示。内部节奏体现为叙述的观念和结构，决定着作品的整体风格。

（2）外部节奏

外部节奏是指镜头本身的运动及镜头转换的频率所形成的节奏，它往往以镜头的运动、剪辑等方式来体现。图 6-13 所示为通过镜头的运动表现出景物快节奏的切换。

图 6-13　通过镜头的运用表现出景物快节奏的切换

（3）内部节奏与外部节奏的关系

内部节奏直接决定着外部节奏的变化，外部节奏会反过来影响内部节奏的演变。两者之间是一种辩证统一的关系。在一般情况下，短视频作品的外部节奏与内部节奏应该保持一致，相互协调。

任何一部短视频作品都有一个整体的节奏，即总节奏。它存在于剧本或脚本里，体现在叙事结构的变化之中，成型于拍摄与剪辑之上。创作者通过内部节奏和外部节奏的合理处理，完成对总节奏的强化，以影响、激发、引导、调控观众的情绪变化和心理感受，使观众获得艺术享受。

2．短视频节奏的剪辑技巧

在短视频的后期编辑处理中，剪辑节奏对总节奏的最后形成起着关键作用。所谓的剪辑节奏是指运用剪辑手法，对短视频作品中的镜头的长短、数量、顺序有规律地安排所形成的节奏。常用的短视频节奏的剪辑技巧主要有以下几种。

（1）依据内容调整节奏

短视频的题材、内容、结构决定着作品的整体节奏，剪辑节奏就是镜头组接的节奏。视频后期的剪辑手法多种多样，不同的剪辑手法会产生节奏的多样化。通过镜头剪辑频率、排列方式、镜头长短、轴线规则等可以有效调整作品段落的不同节奏，例如，可以运用重复的剪辑手法，突出重点，强化节奏；还可以运用删除的剪辑手法，精简篇幅，控制节奏。

（2）协调人物动态

人物动作的幅度、力度、速度的变化，都会引起剧情节奏起伏、高低、强弱、快慢的变化。对于主体运动过程太长的镜头，可以通过删减剪辑中的快动作镜头，加快叙事的进程；对于一些表现心理的时间长的情节，可以通过慢镜头剪辑加以表现。动作节奏的把握需要根据特定的情节和人物性格决定。通过对人物动作进行合理的选择、安排和协调，使人物动作镜头组接的节奏既符合生活的真实，又符合艺术的真实。

（3）合理利用造型元素

对短视频进行剪辑处理时，通过调整造型因素营造新的节奏感，如合理的景别切换、角度选择、线条运用、色彩改变及光影明暗对比调整等，产生符合艺术表现的视觉节奏。一般来说，全景系列镜头信息量大，需要的镜头长度就相对较长；近景系列镜头信息量少，需要的镜头长度就相对较短。例如，由全景到近景的系列镜头组接在一起，节奏就会加快；反之，由近景到全景的系列镜头组接在一起，节奏就会变慢。因此通过不同景别镜头的灵活组接，就能够营造出与剧情发展相适宜的视觉节奏。图 6-14 所示为通过不同镜头的剪辑处理表现出短视频的节奏感。

图 6-14　通过不同镜头的剪辑处理表现出短视频的节奏感

（4）准确处理时空关系

在短视频剪辑处理的过程中，需要把握好镜头之间的时空关联性。为了避免时空转换的突兀感，通常在不同场景的镜头之间，通过对镜头进行淡入淡出、叠化这类技巧性处理，保持不同时空之间镜头缓慢、自然的过渡，使前后节奏平稳。对于一些动作性较强的情节，利用动作的一致性或相似性，借助动作在时间和空间上的延续性，通过"动接动"的直切式转场创造出一种平滑的过渡效果；对于特别紧张的情节，可以运用交叉蒙太奇的剪辑方法，把同一时间在不同空间发生的两种或两种以上的动作交叉剪接，构成一种紧张的气氛和强烈的节奏感，产生惊险的戏剧效果。图 6-15 所示为通过镜头的运动与不同场景的叠化处理实现不同场景镜头之间的自然过渡。

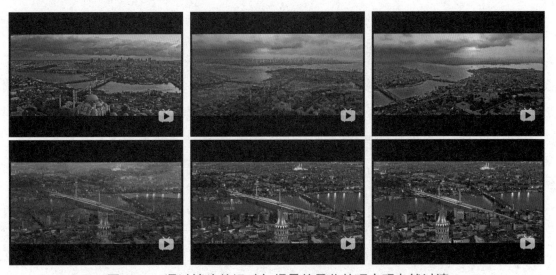

图 6-15　通过镜头的运动与场景的叠化处理实现自然过渡

（5）灵活组接运动镜头

运动镜头的变化最能体现出节奏的变化。在短视频剪辑过程中，灵活调控运动镜头的各种状态、形态、方式，如利用运动镜头的速度、方位、角度变化来加速或延缓节奏。图 6-16 所示为运用不同的镜头方位和角度进行拍摄。

图6-16　运用不同的镜头方位和角度进行拍摄

（6）巧妙处理镜头组接

镜头组接的方法有很多，可以运用有技巧性切换，也可以运用无技巧性切换。一般来说，运用视频编辑软件中的有技巧性切换镜头，会使节奏舒缓；而运用无技巧性切换镜头，则会使节奏加速。无论运用何种镜头组接，都需要与短视频作品所要求的节奏相适应。

（7）充分运用声音元素

相对于画面节奏，声音节奏渲染性强，更容易被感知，也更容易让观众产生共鸣。充分运用声音的节拍、速度、力度变化形成的韵律，可以强化视频的节奏。

> **小贴士**：配乐是音乐剪辑的重要内容之一，音乐的剪辑需要围绕内容进行分割或重组，在处理节奏时，音乐的旋律应该与镜头的长度相适应，做到节奏上的声画合一。

影响短视频节奏的因素有很多，在后期剪辑中运用多种剪辑手法来营造一部短视频作品、一个段落、一组镜头的节奏，总的原则以短视频作品的内容特色、内容样式、主体情态和剧情为依据，最终目的是增强作品的艺术表现力和感染力。

6.2.4　短视频色调处理

色调是由一种色彩或者几种相近的色彩构成的主导色，是在色彩造型与表现方面为短视频的整体风格、类型建构所配置的基本色彩。色调直接影响观众的心理情绪，是传达主题感受、烘托气氛和表达情感的有力手段。

1. 色调的分类

短视频的色彩由不同的镜头画面色调、场景色调、色彩主题按照一定的布局比例构成，占绝对优势、起主宰作用的色调为主色调，又被称为"基调"。根据不同的标准，短视频色调主要有以下 4 种划分形式。

（1）按照色相划分

按照色相划分，色调可以分为红色调、黄色调、绿色调、蓝色调等。图 6-17 所示为绿色调的短视频画面。

图 6-17 绿色调的短视频画面

（2）按照色彩冷暖划分

按照色彩冷暖划分，色调可以分为暖色调、冷色调和中间色调。暖色调由红色、橙色、黄色等暖色构成，这种色调适宜表现热情、奔放、欢快、温暖的内容，如图 6-18 所示。冷色调由青色、蓝色、蓝紫色等冷色构成，这种色调适宜表现恬静、低沉、淡雅、严肃的内容，如图 6-19 所示。中间色调由黑色、白色、灰色等色彩构成，这种色调适宜表现凝重、恐怖或与死亡相关的内容，如图 6-20 所示。

图 6-18 暖色调的短视频画面

图 6-19 冷色调的短视频画面

图 6-20　中间色调的短视频画面

（3）按照色彩明度划分

按照色彩明度划分，色调可以分为亮调、暗调、浓调和淡调。图 6-21 所示为亮调的短视频画面，图 6-22 所示为暗调的短视频画面。

图 6-21　亮调的短视频画面

图 6-22　暗调的短视频画面

（4）按照心理因素划分

按照心理因素划分，色调可以分为客观色调和主观色调。客观色调是客观事物所具有的色调，而主观色调则是色彩的一种心理感受，虽然不一定符合真实事物的色彩，但是是根据作品的主题或人物的内心感受创造的一种非现实的色调倾向。

2．色调处理

色调处理可以在拍摄阶段完成，也可以在后期编辑阶段加以处理。创作者可以通过后期编辑处理软件的调色功能实现对视频色彩的校正和调整，从而实现作品整体色调风格统一。

（1）自然处理方法

这种方法主要是追求色彩的准确还原，而色彩、色调的表现处于次要地位。在拍摄过程中，先选择正常的色温开关，再通过调整和平衡获得真实的色彩或色调。如果拍摄的画面色彩失真，则可以在后期处理软件中通过相应的色彩调整命令进行弥补和修正。

（2）艺术处理方法

任何一部短视频作品，都会有一种与主题相对应的总的色彩基调。色调的表现既可以是明快、温情的基调，又可以是平淡、素雅的基调，还可以是悲情、压抑的基调。色调与色彩一样，具有象征性和寓意性。色调的确定取决于短视频题材、内容、主题的需要，色调处理是否适当，对作品的主题揭示、人物情绪表达有着直接的影响。

> **小贴士**：通过色彩的处理使画面色彩的对比度、饱和度、亮暗度等细节，以及在镜头间色调、影调的衔接方面达到技术和艺术质量的要求。色调不仅能够使曝光不佳和出现色偏的画面得到校正和调整，还能够使不同场景的影调和色调得到匹配，画面的艺术效果得到进一步提升。

6.2.5　应用 Premiere 中的视频过渡效果

在 Premiere 中，用户可以利用一些视频过渡效果在视频素材或图像素材之间创建出丰富多彩的转场过渡效果，使素材剪辑在视频中出现或消失，从而使素材之间的切换变得更加平滑、流畅。

1. 添加视频过渡效果

对视频的后期编辑处理而言，合理地为素材添加一些视频过渡效果，可以使两个或多个原本不相关的素材在过渡时能够更加平滑、流畅，也可以使编辑的画面更加生动、和谐，大大提高视频剪辑的效率。

如果需要为"时间轴"面板中两个相邻的素材添加视频过渡效果，则可以在"效果"面板中展开"视频过渡"效果组，如图 6-23 所示。在相应的选项组中选择需要添加的视频过渡效果，按住鼠标左键并拖到"时间轴"面板的两个目标素材之间即可，如图 6-24 所示。

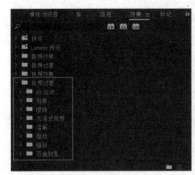
图 6-23　"视频过渡"效果组

图 6-24　将需要添加的过渡效果拖到素材之间

2. 认识视频过渡效果

作为一款优秀的视频后期编辑软件，Premiere 内置了许多视频过渡效果供用户使用，熟练并恰当地运用这些效果可以使视频素材之间的衔接、转场更加自然流畅，并且能够增加视频的艺术性。下面对 Premiere 内置的视频过渡效果进行简单的介绍。

（1）"3D 运动"选项组

"3D 运动"选项组中的视频过渡效果可以模拟三维空间的运动效果，其中包含了"立方体旋转"和"翻转"两个视频过渡效果。

（2）"划像"选项组

"划像"选项组中的视频过渡效果是通过分割画面完成素材切换的，在该选项组中包含"交叉划像""圆划像""盒形划像""菱形划像"4 个视频过渡效果。

（3）"擦除"选项组

"擦除"选项组中的视频过渡效果主要是通过各种方式将素材擦除完成场景切换的。在该效果组中包含"划出""双侧平推门""带状擦除""径向擦除""插入""时钟式擦除""棋盘""棋盘擦除""楔形擦除""水波块""油漆飞溅""渐变擦除""百叶窗""螺旋框""随机块""随机擦除""风车"17 个视频过渡效果。

（4）"沉浸式视频"选项组

"沉浸式视频"选项组中所提供的视频过渡效果都是针对 VR 视频的处理效果。

（5）"溶解"选项组

"溶解"选项组中的视频过渡效果主要是通过淡化、渗透等方式产生的过渡效果，包括"MorphCut""交叉溶解""叠加溶解""渐隐为白色""渐隐为黑色""胶片溶解""非叠加溶解"7 个视频过渡效果。

（6）"滑动"选项组

"滑动"选项组中的视频过渡效果主要是通过运动画面的方式完成场景切换的，在该效果组中包含"中心拆分""带状滑动""拆分""推""滑动"5 个视频过渡效果。

（7）"缩放"选项组

"缩放"选项组中的视频过渡效果主要是通过对素材进行缩放来完成场景切换的，在该效果组中只包含"交叉缩放"1 个视频过渡效果。

（8）"页面剥落"选项组

"页面剥落"选项组中的视频过渡效果主要使第 1 段素材以各种卷页动作形式消失，最终显示出第 2 段素材，在该选项组中包含"翻页"和"页面剥落"两个视频过渡效果。

3. 编辑视频过渡效果

将视频过渡效果添加到两个素材之间的连接处之后，在"时间轴"面板中单击刚添加的视频过渡效果，如图 6-25 所示。即可在"效果控件"面板中对选中的视频过渡效果进行参数设置，如图 6-26 所示。

图 6-25　单击选择视频过渡

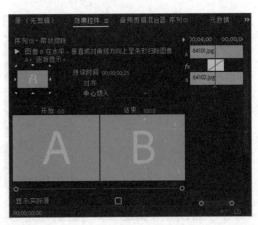

图 6-26　设置"效果控件"面板中的选项

（1）设置持续时间

在"效果控件"面板中，可以通过设置"持续时间"选项，控制视频过渡效果的持续时间。数值越大，视频过渡效果持续时间越长，反之则持续时间越短。图 6-27 所示为修改"持续时间"选项，图 6-28 所示为视频过渡效果在时间轴上的表现效果。

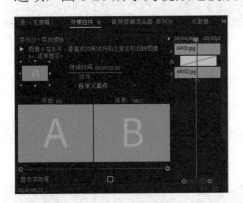

图 6-27　修改"持续时间"选项

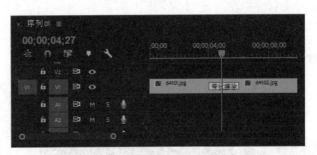

图 6-28　视频过渡效果在时间轴上的表现

（2）编辑过渡效果方向

不同的视频过渡效果具有不同的过渡方向设置，在"效果控件"面板的过渡效果方向示意图四周提供了多个三角形箭头，单击相应的三角形箭头，即可设置该视频过渡效果的方向。例如，单击"自东北向西南"三角形箭头，如图 6-29 所示，即可在"节目"监视器窗口中看到改变方向后的视频过渡效果，如图 6-30 所示。

（3）编辑对齐参数

在"效果控件"面板中，"对齐"选项用于控制视频过渡效果的切割对齐方式，包括"中心切入""起点切入""终点切入""自定义起点"4 种方式。

中心切入：将"对齐"选项设置为"中心切入"，则视频过渡效果位于两个素材的中心位置，如图 6-31 所示。

起点切入：将"对齐"选项设置为"起点切入"，则视频过渡效果位于第 2 个素材的起始位置，如图 6-32 所示。

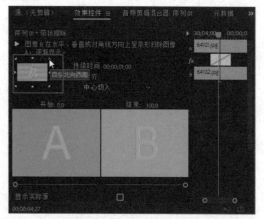

图 6-29　单击方向三角形箭头

图 6-30　改变方向后的视频过渡效果

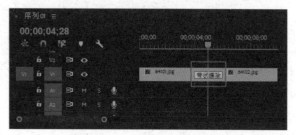

图 6-31　"中心切入"效果

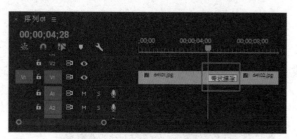

图 6-32　"起点切入"效果

终点切入：将"对齐"选项设置为"终点切入"，则视频过渡效果位于第 1 个素材的结束位置，如图 6-33 所示。

自定义起点：在"时间轴"面板中可以通过单击并拖动调整所添加的视频过渡效果的位置，自定义视频过渡效果的起点位置，如图 6-34 所示。

图 6-33　"终点切入"效果

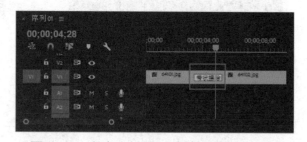

图 6-34　自定义视频过渡效果的起点位置

（4）设置开始、结束位置

在视频过渡效果预览区域的顶部有"开始""结束"两个控制视频过渡效果的选项。

开始：该选项用于设置视频过渡效果的开始位置，默认值为 0，表示视频过渡效果将从整个视频过渡过程的开始位置开始。如果将"开始"选项设置为 20，如图 6-35 所示，则表示视频过渡效果在整个视频过渡效果的 20%的位置开始。

结束：该选项用于设置视频过渡效果的结束位置，默认值为 100，表示视频过渡效果将从整个视频过渡过程的结束位置结束。如果将"结束"选项设置为90，如图 6-36 所示，则表示视频过渡效果在整个视频过渡效果的90%的位置结束。

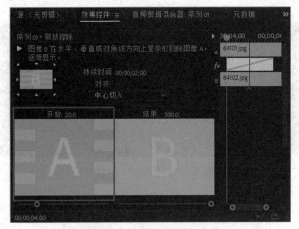

图 6-35 设置视频过渡效果的开始位置

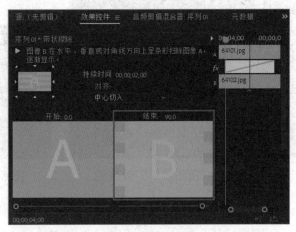

图 6-36 设置视频过渡效果的结束位置

（5）显示素材实际效果

在"效果控件"面板中视频过渡效果的预览区域分别以 A 和 B 进行表示，如果需要在"效果控件"面板的视频过渡效果预览区域中显示素材的实际视频过渡效果，则选中"显示实际源"复选框，即可在视频过渡预览区域中显示素材的实际视频过渡效果。

> **小贴士**：有一些视频过渡效果，在视频过渡过程中可以设置边框的效果，在"效果控件"面板中提供了边框设置选项，如"边框宽度"和"边框颜色"等选项，用户可以根据需要进行设置。

6.2.6 应用 Premiere 中的视频效果

在使用 Premiere 编辑视频时，系统内置了许多视频效果，通过这些视频效果可以对原始素材进行调整，如调整画面的对比度、为画面添加粒子或光照效果等，从而为视频作品增加艺术效果，为观众带来丰富多彩、精美绝伦的视觉盛宴。

1. 应用视频效果

应用视频效果的方法非常简单，只要将需要应用的视频效果拖至"时间轴"面板的素材上，然后根据需要在"效果控件"面板中对该视频效果的参数进行设置，就可以在"节目"监视器窗口中看到所应用的视频效果。

在"效果"面板中，展开"视频效果"效果组，在该效果组中包含了"Obsolete""变换""图像控制""实用程序""扭曲""时间""杂色与颗粒""模糊与锐化""沉浸式视频""生成""视频""调整""过时""过渡""透视""通道""键控""颜色校正""风格化"共 19 个选项组，如图 6-37 所示。

如果需要为"时间轴"面板中的素材应用视频效果，则可以直接将需要应用的视频效果拖至"时间轴"面板的素材上，如图 6-38 所示。

图 6-37　"视频效果"效果组

图 6-38　将视频效果拖至"时间轴"面板中的素材上

在为"时间轴"面板中的素材应用视频效果后，会自动显示"效果控件"面板，在该面板中可以对应用视频效果的参数进行设置，如图 6-39 所示。完成视频效果参数的设置之后，在"节目"监视器窗口中可以看到应用该视频效果所实现的效果，如图 6-40 所示。对视频效果参数进行不同的设置，能够产生不同的效果。

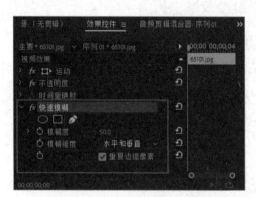

图 6-39　设置视频效果参数

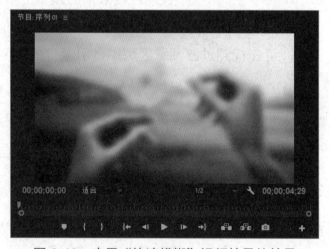

图 6-40　应用"快速模糊"视频效果的效果

在使用 Premiere 的视频效果调整素材时，可能一个视频效果即可达到调整的目的，但在多数情况下，需要为素材添加多个视频效果。在 Premiere 中，系统按照素材在"效果控件"面板中的视频效果从上至下的顺序进行应用，如果为素材应用了多个视频效果，则需要注意视频效果在"效果控件"面板中的排列顺序，视频效果的顺序不同，所产生的效果也会有所不同。

2. 认识常用的视频效果

在 Premiere 中内置的视频效果非常多，而有些视频效果是短视频编辑处理过程中很少能够用到的，这里选取一些常用的视频效果选项组向读者进行简单的介绍。

（1）"变换"选项组

"变换"选项组中的视频效果主要用于实现素材画面的变换操作，在该选项组中包含"垂直翻转""水平翻转""羽化边缘""裁剪"4 个视频效果。

（2）"扭曲"选项组

"扭曲"选项组中的视频效果主要是通过对素材进行几何扭曲变形来制作出各种各样的画面变形效果。在该选项组中包含"位移""变形稳定器 VFX""变换""放大""旋转""果冻效应修复""波形变形""球面化""紊乱置换""边角定位""镜像""镜头扭曲"12 个视频效果。

（3）"杂色与颗粒"选项组

"杂色与颗粒"选项组中的视频效果主要用于去除画面中的噪点或者在画面中添加杂色与颗粒感的效果，在该选项组中包含"中间值""杂色""杂色 Alpha""杂色 HLS""杂色 HLS 自动""蒙尘与划痕"6 个视频效果。

（4）"模糊与锐化"选项组

"模糊与锐化"选项组中的视频效果主要用于柔化或锐化素材画面，不仅可以柔化边缘过于清晰或对比度过强的画面区域，还可以将原来不太清晰的画面进行锐化处理，使其更清晰。在该选项组中包含"复合模糊""方向模糊""相机模糊""通道模糊""钝化蒙版""锐化""高斯模糊"7 个视频效果。

（5）"生成"选项组

"生成"选项组中的视频效果主要用来实现一些素材画面的滤镜效果，使画面效果更加生动。在该选项组中包含"书写""单元格图案""吸管填充""四色渐变""圆形""棋盘""椭圆""油漆桶""渐变""网格""镜头光晕""闪电"12 个视频效果。

（6）"透视"选项组

"透视"选项组中的视频效果主要用来制作三维立体效果和空间效果，在该选项组中包含"基本 3D""投影""放射阴影""斜角边""斜角 Alpha"5 个视频效果。

（7）"风格化"选项组

"风格化"选项组中的视频效果主要用来创建一些风格化的画面效果，在该选项组中包含"Alpha 发光""复制""彩色浮雕""抽帧""曝光过度""查找边缘""浮雕""画笔描边""粗糙边缘""纹理化""闪光灯""阈值""马赛克"13 个视频效果。

3. 编辑视频效果

在为素材应用视频效果后，用户还能对视频效果进行编辑，可以通过隐藏视频效果观察应用视频效果前后的效果变化，如果对所应用视频效果不满意，则可以将其删除。

（1）隐藏视频效果

在"时间轴"面板中选择应用了视频效果的素材，打开"效果控件"面板，单击需要隐藏的视频效果名称左侧的"切换效果开关"按钮 fx，如图 6-41 所示，即可将该视频效果隐藏，再次单击该按钮，即可恢复该视频效果的显示。

（2）删除视频效果

如果需要删除所应用的视频效果，则可以在"效果控件"面板的视频效果名称上右击，在弹出的菜单中执行"清除"命令，如图 6-42 所示，即可将该视频效果删除。或者在"效果控件"面板中选择需要删除的视频效果，按 Delete 键，同样可以删除选中的视频效果。

图 6-41　隐藏视频效果

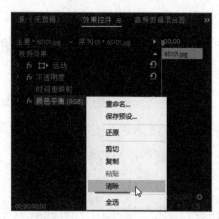

图 6-42　删除视频效果

6.3　任务实施

扫一扫

在了解了短视频镜头组接技巧、常用转场方式和色调处理的相关知识，以及 Premiere 中视频过渡效果和视频效果的应用之后，接下来进入任务的实施阶段。在该阶段主要分为以下三大步骤：

（1）前期准备，学习运动短视频内容策划的相关知识。

（2）中期拍摄，通过运动镜头拍摄运动视频素材。

（3）后期制作，讲解如何在 Premiere 中制作运动短视频，并且为短视频制作手写标题文字的动画效果，最终完成运动短视频的制作。

6.3.1　前期准备——运动短视频内容策划

在对运动短视频的内容进行策划之前，首先需要清楚的核心问题是短视频的内容是否具有娱乐性、权威性、专业性或知识性中的一项？能否让观众获得"即时满足感"？

1．内容方向

体育运动是一个自带内容属性的事物，既可以走向娱乐化，表现人们喜闻乐见的内容，例如，运动集锦、搞笑瞬间等；又可以走向专业化，进行技能培训，例如，减肥、增肌、防身等。

总体来说，体育运动类短视频内容可以分为十大类：体育赛事、户外运动、技巧展示、游戏竞技、健身房、瘦身食谱、瘦身技巧、健身科普、仪态塑形、防身教学。

2．内容规划

1）运动健身类达人

打造 IP 和个人亮点与特色，展示创意运动和专业的运动知识，引发粉丝点赞和分享。同时坚持创新原则，做一些别人想做但是没有尝试过的事情，或者别人想做但是做不到的事情，在此基础上加上创新和创意的玩法，这样的短视频内容就很容易受到观众的关注。

2）体育运动情感共鸣

（1）从内容上获得共鸣。足球和篮球都极具视觉冲击力，是拥有最多经典瞬间的体育项目。例如，史上十佳进球、十佳助攻、十佳突破、十佳扑救、十佳搞笑瞬间、十大悲情瞬间、十大激情瞬间、十大球星。在短视频内容中表现这样的体育运动集锦内容，很容易引起体育运动爱好者的情感共鸣。

（2）从情感上获得共鸣。体育圈几乎每天都在产生这些让人泪奔的素材：退役/离别、讲述励志成长的故事、失败、亲情、友情、爱情、爱国情……在某著名羽毛球运动员宣布退役时，新华社发布了一则"'宗'有一别，再无'林李'"的短视频，获得多达216.3万次的点赞。

本任务制作的是一个体育运动集锦短视频，可以先拍摄自己喜欢的体育运动的视频片段，再对这些视频片段进行后期剪辑，在视频片段之间添加富有动感的精彩转场过渡效果，搭配具有节奏感的背景音乐，充分展现出体育运动的魅力，希望更多的人能够爱上运动。

6.3.2　中期拍摄——运动视频素材拍摄

体育运动中的主体无论是人物还是其他对象，基本上都呈现运动状态，为了表现这种运动状态，通常都会采用运动镜头的方式拍摄运动视频素材。运动镜头能使观众在观看运动视频时，给观众一种转换代入感，让观众自然融入其中，而不是给观众一种生硬、突兀的感觉。

需要注意的是，拍摄时需要画面尽可能稳定，运动镜头中轻微的抖动是为了营造剧情，但是如果剧烈的抖动，则会给观众带来一种糟糕的观看体验。初学者往往不能把控，此时用一个手持稳定器，将是很好的选择。

在本任务所制作的运动短视频中，将从人物眼睛的特写镜头开始，通过瞳孔遮罩转场进入体育运动集锦中，这个人物眼睛的特写镜头可以使用固定镜头进行拍摄，如图6-43所示。

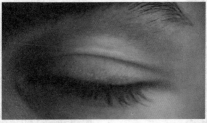

图6-43　使用固定镜头拍摄人物眼睛的特写镜头

其他的体育运动视频素材包括足球、篮球、跑步、游戏等，在拍摄这些运动视频素材时，都使用运动镜头进行拍摄，而且主要使用运动镜头中的跟镜头形式进行拍摄，镜头始终跟随着视频画面中的主体一起进行运动，体现出运动过程中的动态感，如图6-44所示。

图 6-44　使用运动镜头拍摄的运动视频素材

6.3.3　后期制作——运动短视频的制作

1. 制作瞳孔转场效果

（1）执行"文件|新建|项目"命令，弹出"新建项目"对话框，设置项目文件的名称和位置，如图 6-45 所示。单击"确定"按钮，新建项目文件。执行"文件|新建|序列"命令，弹出"新建序列"对话框，在"可用预设"列表中选择"AVCHD"选项组中的"AVCHD 1080p30"选项，如图 6-46 所示。单击"确定"按钮，新建序列。

图 6-45　"新建项目"对话框

图 6-46　"新建序列"对话框

（2）双击"项目"面板的空白位置，弹出"导入"对话框，同时选中需要导入的两个视频素材文件，如图 6-47 所示。单击"打开"按钮，将选中的两段视频素材导入"项目"面板中，如图 6-48 所示。

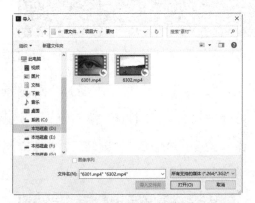

图 6-47　选择需要导入的两个视频素材文件

图 6-48　"项目"面板

小贴士：如果所导入视频素材的帧速率或分辨率与所创建序列所设置的帧速率和分辨率不同时，则在将视频素材拖入"时间轴"面板中时会弹出"剪辑不匹配警告"对话框；如果单击"保持现有设置"按钮，则可以自动调整视频素材与序列的设置相匹配；如果单击"更改序列设置"按钮，则可以自动调整序列设置与视频素材相匹配，默认单击"保持现有设置"按钮。

（3）将"项目"面板中的"6301.mp4"素材拖入"时间轴"面板的 V1 轨道中，如图 6-49 所示。在"节目"监视器窗口中可以看到视频素材的效果，如图 6-50 所示。

图 6-49　将视频素材拖入 V1 轨道中

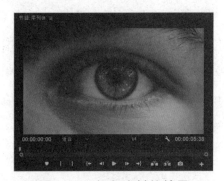

图 6-50　视频素材的效果

（4）将时间指示器移至 2 秒 12 帧的位置，选择 V1 轨道中的视频素材，执行"编辑|视频选项|添加帧定格"命令，在时间指示器的位置将该视频素材分割为两部分，如图 6-51 所示。选择分割后的右侧部分视频素材，将其拖至 V2 轨道中，并通过拖动其右侧边框，将其持续时间调整长一些，如图 6-52 所示。

小贴士："添加帧定格"命令，主要用来将某一帧画面静止。此处，如果在 2 秒 12 帧的位置执行了"添加帧定格"命令，则 2 秒 12 帧之前的视频依然为原先的视频素材，而在 2 秒 12 帧之后的视频会始终保持 2 秒 12 帧的静止画面不变。

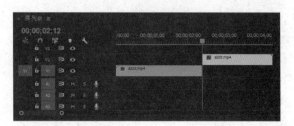

图 6-51　添加帧定格后的效果　　　　　图 6-52　将帧定格素材移至 V2 轨道并拉长持续时间

（5）选择 V2 轨道上的素材，执行"编辑|嵌套"命令，弹出"嵌套序列名称"对话框，具体设置如图 6-53 所示，单击"确定"按钮。确认时间指示器位于 2 秒 12 帧的位置，选择 V2 轨道中的视频素材，打开"效果控件"面板，分别单击"位置""缩放""旋转""锚点"属性左侧的"切换动画"按钮⚙️，插入这几个属性关键帧，如图 6-54 所示。

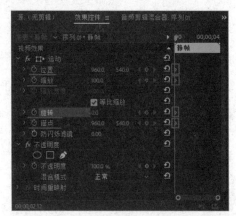

图 6-53　"嵌套序列名称"对话框　　　　图 6-54　为相应的属性插入属性关键帧

在"效果控件"面板中选择"锚点"属性，在"节目"监视器窗口中拖动调整锚点至眼球的中心位置，如图 6-55 所示。将时间指示器移至 3 秒的位置，在"效果控件"面板中分别单击"位置""缩放""旋转""锚点"属性右侧的"添加/移除关键帧"按钮⚙️，手动添加属性关键帧，并且对"位置"和"缩放"属性值进行调整，如图 6-56 所示，使眼球基本位于画面的中心并充满整个画面即可。

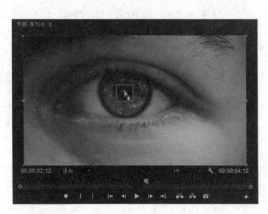

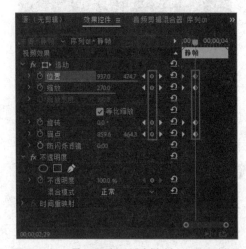

图 6-55　调整锚点至眼球中心位置　　　　图 6-56　添加属性关键帧并设置属性值

（7）单击"效果控件"面板中"不透明度"选项区下方的"自由绘制贝赛尔曲线"按钮，在"节目"监视器窗口的眼球部分绘制蒙版图形，如图 6-57 所示。在"效果控件"面板中对"蒙版(1)"选项区中的相关选项进行设置，如图 6-58 所示。

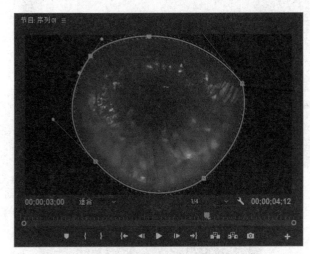

图 6-57　绘制蒙版图形

图 6-58　设置"蒙版(1)"选项区中的相关选项

（8）在"节目"监视器窗口中可以看到反转蒙版后的效果，黑色部分为显示下一个视频素材的区域，如图 6-59 所示。在"项目"面板中，将"6302.mp4"素材拖至 V1 视频轨道的"6301.mp4"素材后面，就可以在"节目"监视器窗口中看到添加视频素材后蒙版的效果，如图 6-60 所示。

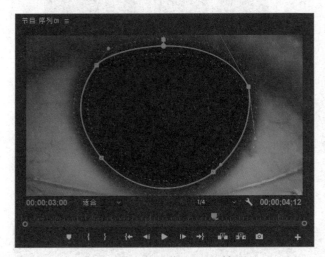

图 6-59　反转蒙版后的效果

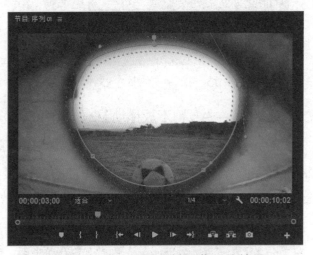

图 6-60　添加视频素材后蒙版的效果

（9）将时间指示器移至 3 秒的位置，在"效果控件"面板中将"旋转"属性值设置为 90º，"缩放"属性值设置为 800，如图 6-61 所示。使得在"节目"监视器窗口中看不到眼睛的素材，完全显示了眼睛中的视频素材，如图 6-62 所示。

（10）在"效果控件"面板中框选所有的关键帧，在任意关键帧上右击，在弹出的菜单中执行"临时插值|贝赛尔曲线"命令，如图 6-63 所示。单击"缩放"属性左侧的箭头按钮，展开该属性的贝赛尔曲线，调整该属性的运动速度曲线，如图 6-64 所示，使得眼睛放大的运动过程先快后慢，更加自然。

图 6-61　设置"旋转""缩放"属性值

图 6-62　完全显示眼睛中的视频素材

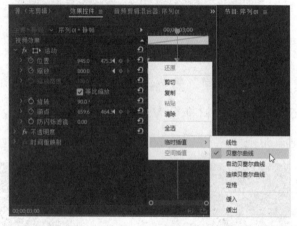

图 6-63　执行"贝赛尔曲线"命令

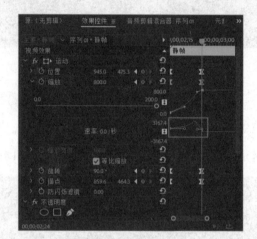

图 6-64　调整"缩放"属性的运动速度曲线

（11）按住 Alt 键不放拖动 V2 轨道中的"静帧"素材至 V3 轨道中，复制该素材，如图 6-65 所示。选择 V3 轨道中的"静帧"素材，在"效果控件"面板中选择"蒙版"选项，按 Delete 键将其删除，并且删除"旋转"属性的关键帧。使用"剃刀工具" ，在 V3 轨道的"静帧"素材的 3 秒位置上单击，分割素材，如图 6-66 所示。

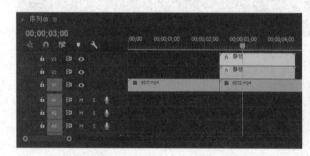

图 6-65　复制素材至 V3 轨道中

图 6-66　删除不需要的属性并分割素材

（12）选择分割后的右半部分素材，按 Delete 键将其删除，将 V3 轨道中的素材拖至 V1 轨道的两个视频素材之间，如图 6-67 所示。在 V1 轨道的"静帧"素材与"63202.mp4"素材之间右击，在弹出的菜单中执行"应用默认过渡"命令，如图 6-68 所示。

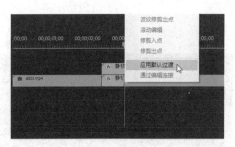

图 6-67 调整素材至 V1 轨道中两个素材之间　　　　图 6-68 执行"应用默认过渡"命令

（13）在两个素材之间应用默认的视频过渡效果，如图 6-69 所示。单击两个素材之间应用的过渡效果，拖动该过渡效果的左侧边框，使其持续时间从"静帧"素材的起始位置开始，如图 6-70 所示。

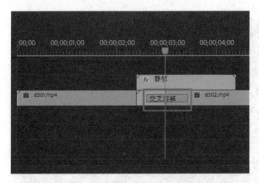

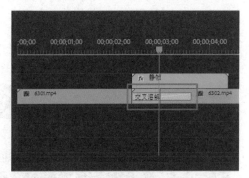

图 6-69 应用默认的视频过渡效果　　　　图 6-70 调整过渡效果的持续时间

小贴士：此处在 V1 轨道的两个素材之间添加眼睛放大的素材动画，并且在两个素材之间添加视频过渡效果，是为了瞳孔蒙版的转场过渡效果表现更加自然，不至于太生硬。

2．制作视频素材的变速效果

（1）双击"项目"面板的空白位置，弹出"导入"对话框，同时将多段运动视频素材导入"项目"面板中，如图 6-71 所示。将"项目"面板中的"6303.mp4"素材拖到"时间轴"面板中 V1 轨道的"6302.mp4"素材后面，如图 6-72 所示。

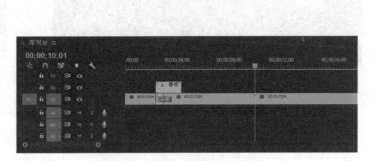

图 6-71 导入多段视频素材　　　　图 6-72 将素材拖入 V1 轨道中

（2）拖动 V1 轨道名称部分的分隔线，将 V1 轨道视图放大，如图 6-73 所示。选择 V1 轨道中的"6303.mp4"素材，右击该素材左上角的"fx"图标，在弹出的菜单中执行"时间重映

射|速度"命令，如图 6-74 所示。

图 6-73 放大 V1 轨道视图　　　　　图 6-74 执行"时间重映射|速度"命令

（3）在该视频素材的中间位置显示其速率线，如图 6-75 所示。拖动时间指示器，在"节目"监视器窗口中找到需要将视频变快的部分，按住 Ctrl+Alt 组合键不放，在当前位置的速率线上单击，添加一个变速关键帧，如图 6-76 所示。

 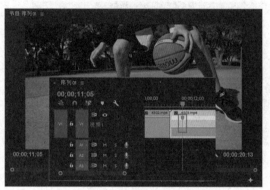

图 6-75 显示视频速率线　　　　　图 6-76 插入变速关键帧（1）

（4）拖动时间指示器，在视频变速结束的部分，按住 Ctrl+Alt 组合键不放，在当前位置的速率线上单击，添加一个变速关键帧，如图 6-77 所示。向上拖动两个关键帧之间的速率线，从而提升两个变速关键帧之间的视频的播放速度，如图 6-78 所示。

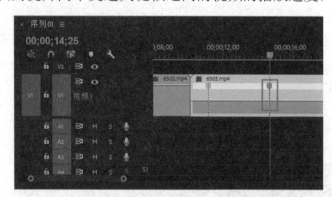 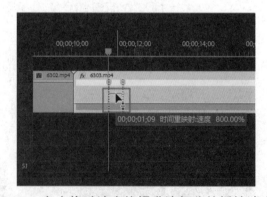

图 6-77 插入变速关键帧（2）　　　图 6-78 向上拖动速率线提升该部分的播放速度

小贴士：向上拖动速率线，可以提升该部分的播放速度；向下拖动速率线，可以降低该部分的播放速度，在 Premiere 中最高可以升速或降速 10 倍，也就是升速或降速 1000%，可以根据需要来调整。

（5）放大时间轴，将时间指示器移至左侧的关键帧位置，拖动关键帧把手，将关键帧拆分为两部分，如图 6-79 所示。拖动速率线中间的方向线，将速率线调整为平滑的曲线，从而使视频速度的过渡更平滑，如图 6-80 所示。

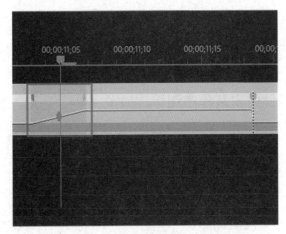

图 6-79　拆分关键帧为两部分

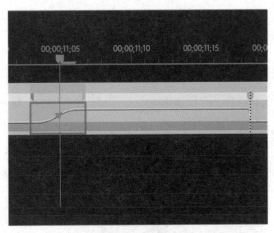

图 6-80　调整速率线为平滑曲线

小贴士：在完成视频素材局部播放速度的提升之后，如果直接从正常速度突然变化到较快的播放速度，衔接会比较生硬，只有将速率线调整为平滑的曲线，才能够实现更加平滑的视频速度变化效果。

（6）速度变化结束的关键帧也需要使用相同的操作，将结束关键帧的速度线调整为平滑曲线，如图 6-81 所示。使用相同的操作方法，还可以将该视频素材中其他需要快速播放的部分进行处理，如图 6-82 所示。

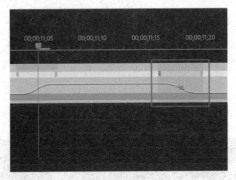

图 6-81　调整结束关键帧的速率线

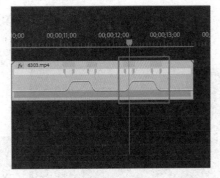

图 6-82　对视频素材的其他部分进行变速处理

（7）使用相同的制作方法，可以分别将"6304.mp4"至"6307.mp4"的视频素材拖入"时间轴"面板的 V1 轨道中，并分别为这些视频素材制作相应的局部变速效果，如图 6-83 所示。

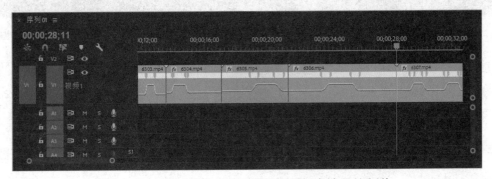

图 6-83　完成其他视频素材局部变速效果的制作

3．应用视频过渡效果

除了可以使用 Premiere 中提供的内置视频过渡效果，还可以使用外部的视频过渡效果插件，从而轻松实现更加丰富的视频过渡效果。本任务以 FilmImpact 插件为例，讲解插件的安装和使用。

（1）打开 FilmImpact 插件文件夹，双击该插件的安装程序图标，如图 6-84 所示。弹出 FilmImpact 插件安装提示对话框，如图 6-85 所示，单击默认的安装按钮，即可进行插件的安装。

图 6-84　双击插件安装程序图标

图 6-85　插件安装提示对话框

（2）完成插件的安装后，重新启动 Premiere，在"效果"面板中可以看到 FilmImpact 插件所提供的多种不同类型的视频过渡效果，如图 6-86 所示。展开 FilmImpact.net TP2 选项组，将 Impact Radial Blur 视频过渡效果拖曳至 V1 轨道的"6302.mp4"与"6303.mp4"两个素材之间，如图 6-87 所示。

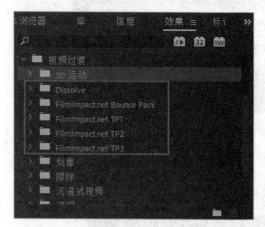

图 6-86　FilmImpact 插件的相关选项

图 6-87　拖曳相应的效果至两个素材之间

（3）如果需要设置视频过渡效果的持续时间，则只需要单击素材之间的过渡效果，在"效果控件"面板中即可设置其"持续时间"选项，如图 6-88 所示。在"时间轴"面板中拖动时间指示器，可以在"节目"监视器窗口中预览所添加的视频过渡效果，如图 6-89 所示。

（4）使用相同的操作方法，可以在 V1 轨道的其他素材之间添加相应的视频过渡效果，如图 6-90 所示。

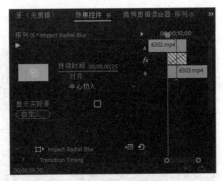

图 6-88 设置"持续时间"选项

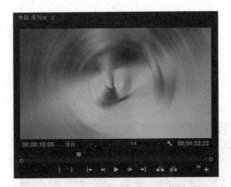

图 6-89 预览视频过渡效果

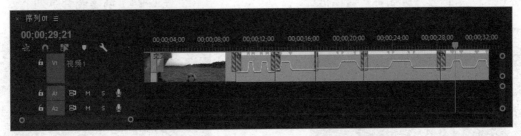

图 6-90 为各素材之间添加视频过渡效果

小贴士：Premiere 软件的视频过渡效果插件非常丰富，除了此处所使用的 FilmImpact 插件，还有许多其他的视频过渡效果插件，感兴趣的读者可以在互联网上查找并安装使用。

4. 制作手写标题文字的动画效果

（1）将时间指示器移至 3 秒 20 帧的位置，使用"文字工具" T ，在"节目"监视器窗口中单击并输入标题文字，在"效果控件"面板的"源文本"选项区中对文字的相关属性进行设置，如图 6-91 所示。使用"选择工具" ，在"节目"监视器窗口中将标题文字调整到合适的位置，如图 6-92 所示。

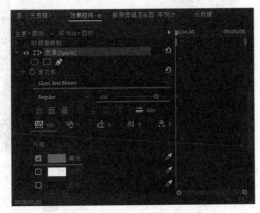

图 6-91 设置文字相关属性

图 6-92 调整标题文字的位置

（2）选择 V3 轨道中的文字素材，执行"编辑|嵌套"命令，弹出"嵌套序列名称"对话框，具体设置如图 6-93 所示。单击"确定"按钮，将其创建为嵌套序列，如图 6-94 所示。

（3）在"效果"面板的搜索栏中输入"书写"，快速找到"书写"效果，如图 6-95 所示。将"书写"效果拖到 V3 轨道的"标题文字"素材上，为其应用该效果，在"效果控件"面板的"书写"效果选项区中选择"画笔位置"属性，如图 6-96 所示。

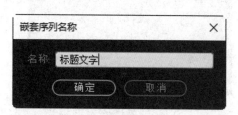

图 6-93 "嵌套序列名称"对话框

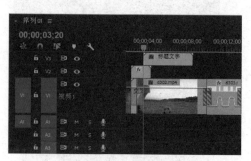

图 6-94 创建嵌套序列

图 6-95 快速找到"书写"效果

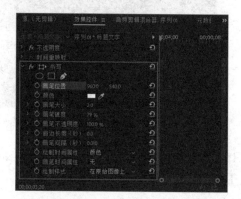

图 6-96 选择"画笔位置"属性

（4）在"节目"监视器窗口中调整画笔位置至文字书写的起始位置，如图 6-97 所示。在"效果控件"面板中将"画笔大小"属性值设置为 30，"画笔间隔"属性值设置为 0.001，为了能够看清画笔，可以修改画笔为任意一种颜色，如图 6-98 所示。

图 6-97 调整画笔位置

图 6-98 设置"画笔大小"和"画笔颜色"属性值

（5）在"效果控件"面板中单击"画笔位置"属性前的"切换动画"按钮，插入该属性关键帧，如图 6-99 所示。按键盘上的右方向键，将时间指示器向后移动一帧，在"节目"监视器窗口中按照文字书写的方向拖动画笔，如图 6-100 所示。

（6）继续按键盘上的右方向键，将时间指示器向后移动一帧，在"节目"监视器窗口中按照文字书写的方向拖动画笔，如图 6-101 所示。使用相同的操作方法，每向后移动一帧，则沿着文字书写的方向调整画笔，覆盖相应的文字笔画，如图 6-102 所示。

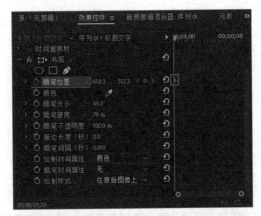

图 6-99　插入"画笔位置"属性关键帧

图 6-100　移动画笔位置（1）

图 6-101　移动画笔位置（2）

图 6-102　每向后移动一帧调整一次画笔位置（3）

小贴士：当在"效果控件"面板中设置"画笔大小"选项时，注意观察"节目"监视器窗口中的画笔大小，要求画笔能够完全覆盖文字的笔画即可。在调整画笔每一帧时，需要能够沿着文字正确的书写方向进行调整，并且间隔不要太大，这样才能够保证最终表现出正确的文字书写顺序的效果，并且书写流畅。

（7）使用相同的操作方法，继续完成其他文字的书写操作，如图 6-103 所示。在"效果控件"面板的"书写"效果选项区中将"绘制样式"属性值设置为"显示原始图像"，在"节目"监视器窗口中可以看到显示原始文字的效果，如图 6-104 所示。

图 6-103　完成文字的书写操作

图 6-104　设置"绘制样式"属性后的效果

> **小贴士**：在"效果控件"面板中将"绘画样式"属性值设置为"显示原始图像"，是因为需要通过该效果制作原始文字的手写动画效果，而这里所设置的画笔只相当于文字笔画的遮罩。

（8）将时间指示器移至 8 秒位置，选择 V3 轨道中的"标题文字"素材，在"效果控件"面板中分别单击"缩放"和"不透明度"属性前的"切换动画"按钮 ，插入这两个属性关键帧，如图 6-105 所示。将时间指示器移至 8 秒 17 帧的位置，"缩放"属性值设置为 200%，"不透明度"属性值设置为 0%，如图 6-106 所示。完成标题文字动画的制作。

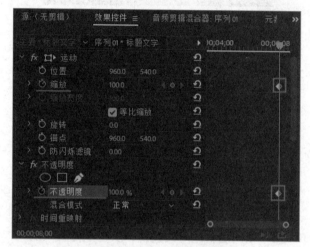

图 6-105　插入属性关键帧

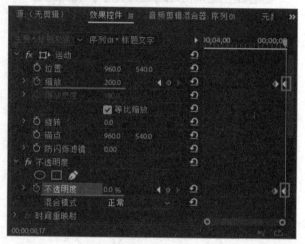

图 6-106　设置属性值自动添加相应的关键帧

> **小贴士**：在 8 秒至 8 秒 17 帧之间制作了标题文字逐渐消失的动画效果。

5. 添加背景音乐并输出短视频

（1）导入准备好的背景音乐，并将该背景音乐的音频素材拖入"时间轴"面板的 A1 轨道中，如图 6-107 所示。选择 A1 轨道中的音频素材，使用"剃刀工具" ，将鼠标指针移至视频素材结束的位置，在音频素材上单击，将音频素材分割为两段，将后面不需要的一段删除，如图 6-108 所示。

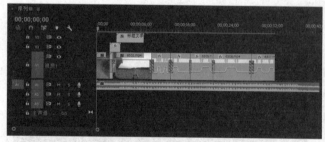

图 6-107　将音频素材拖入 A1 轨道中

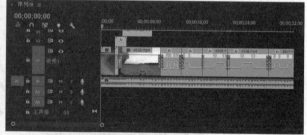

图 6-108　分割音频素材并删除不需要的部分

（2）在"效果"面板的搜索栏中输入"指数淡化"，快速找到"指数淡化"效果，如图 6-109 所示。将"指数淡化"效果拖到 A1 轨道的音频素材结束的位置，为其应用该效果，如图 6-110 所示。

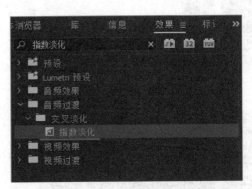

图 6-109 搜索"指数淡化"效果

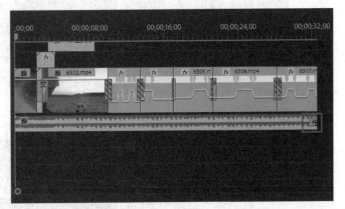

图 6-110 将"指数淡化"效果拖至音频素材结束位置

（3）单击音频素材结尾添加的"指数淡化"效果，在"效果控件"面板中将"持续时间"选项设置为 3 秒，如图 6-111 所示，在"时间轴"面板中的效果如图 6-112 所示。

图 6-111 设置"持续时间"选项

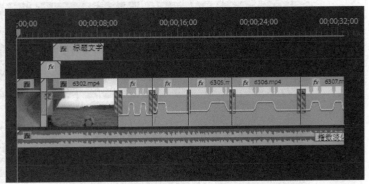

图 6-112 在"时间轴"面板中的效果

（4）选择"节目"监视器窗口，执行"文件|导出|媒体"命令，弹出"导出设置"对话框，在"格式"下拉列表中选择"H.264"选项，单击"输入名称"选项后的"运动短视频.mp4"链接，设置输出的文件名称和位置，如图 6-113 所示。单击"导出"按钮，即可按照设置将项目文件导出为相应的视频，如图 6-114 所示。

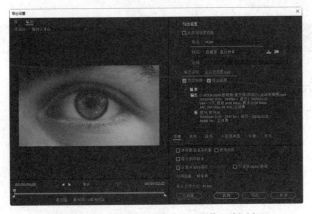

图 6-113 设置"导出设置"对话框

图 6-114 导出视频文件

（5）在完成本任务运动短视频的制作和输出后，可以使用视频播放器观看该运动短视频的最终效果，如图 6-115 所示。

图 6-115　观看运动短视频的最终效果

6.4　检查评价

本任务完成了一个运动短视频的拍摄与制作，为了帮助读者理解运动视频的制作方法和技巧，在读者完成本学习情境内容的学习后，需要对其学习效果进行评价。

6.4.1　检查评价点

（1）所拍摄短视频素材的完整性。

（2）能够掌握在 Premiere 中对视频进行编辑处理操作。

（3）能够掌握在 Premiere 中应用与编辑视频过渡效果。

（4）能够掌握在 Premiere 中制作手写文字动画的方法。

6.4.2 检查控制表

学习情境名称			组 别		评 价 人		
检查检测评价点					评价等级		
					A	B	C
知 识	能够描述镜头组接的编辑技巧						
	能够准确说出短视频的 2 种节奏						
	能够举例说明短视频节奏的剪辑技巧						
	能够清晰地表达色调的分类及处理方法						
技 能	能够运用镜头组接剪辑技巧制作运动短视频						
	能够根据制作内容准确把控整个视频的节奏感						
	能够使用 Premiere 进行短视频的编辑制作						
	能够根据镜头画面进行合理的调色处理						
素 养	能够通过多种途径收集资料、阅读专业资料						
	能够快速找到关键信息，总结整理以思维导图的方式描述出来						
	能够说明和解释技术事项						
	能够形象化地制作、传递复杂的技术资料，并按照通用的演示规则进行演示						
	能够将体育赛事精神融入作品的表现中						
	能够珍惜时间，高效地完成工作						
	工作结束后，能够将工位整理干净						

6.4.3 作品评价表

评 价 点	作品质量标准	评 价 等 级		
		A	B	C
主 题 内 容	视频内容积极健康、切合主题			
直 观 感 觉	作品内容完整，可以独立、正常、流畅地播放；作品画面时尚炫酷			
技 术 规 范	视频尺寸规格符合规定的要求			
	视频画面剪辑点对应规范			
	视频作品输出格式符合规定的要求			
镜 头 表 现	画面内容伴随音乐有动感			
艺 术 创 新	根据视频内容画面色调的变化新颖、时尚			
	视频整体表现形式有新意			

6.5 巩固扩展

1. 任务

根据本学习情境所讲内容，运用所学知识，读者可以自己使用手机或数码相机等拍摄运动过程中的视频素材，题材不限，最终使用 Premiere 对视频素材进行剪辑处理和短视频制作，并为短视频制作手写标题文字动画，完成一个完整的运动短视频的制作。

2. 任务要求

（1）时长：1 分钟左右。

（2）素材数量：不得少于 10 段视频素材。

（3）素材要求：使用不同的运动镜头进行视频素材的拍摄。

（4）制作要求：为短视频制作一个炫酷的瞳孔遮罩转场，各视频素材之间添加相应的视频过渡效果，为短视制作手写标题文字的动画效果，并为短视频添加适当的背景音乐。

6.6　课后测试

在完成本学习情境内容学习后，读者可以通过几道课后测试题，检验一下自己对"运动短视频"的学习效果，同时加深对所学知识的理解。

一、选择题

1．以下哪个不属于短视频后期剪辑中常用的镜头组接技巧？（　　　）

A．淡入淡出　　　　　B．叠化　　　　　C．画中画　　　　　D．直切

2．在 Premiere 中如果需要为两个素材添加转场效果，则可以通过在素材之间添加什么来实现？（　　　）

A．关键帧　　　　　B．视频效果　　　　　C．视频过渡效果　　D．动画效果

3．以下关于短视频节奏处理的说法，正确的是（　　　）。（多选）

A．短视频节奏包括内部节奏和外部节奏，是叙事性内在节奏和造型性外在节奏的有机统一，两者高度融合构成短视频作品的总节奏

B．任何一部短视频作品都有一个整体的节奏，即总节奏。它存在剧本或脚本里，体现在叙事结构的变化之中，成型于拍摄与剪辑之上

C．短视频的题材、内容、结构决定着作品的整体节奏，剪辑节奏也就是镜头组接的节奏

D．所谓的剪辑节奏是指运用剪辑手法，对短视频作品中的镜头的长短、数量、顺序进行有规律的安排所形成的节奏

二、判断题

1．在素材之间添加在 Premiere 中内置的视频过渡效果所实现的转场属于有技巧转场。（　　　）

2．视频色调只能在后期编辑阶段进行处理，创作者可以通过后期处理软件的调色功能实现对视频色彩的校正和调整，从而实现作品整体色调风格的统一。（　　　）

3．无技巧转场的思路产生于前期拍摄过程中，并于后期剪辑阶段通过具体的镜头组接完成。（　　　）